高等学校教材

环境监测实验

李昌丽　主编

冷杰雯　张喜宝　副主编

化学工业出版社

·北京·

内容简介

环境监测实验是环境科学与工程相关专业的本科实践必修课，是环境监测课程的重要组成部分，是环境监测理论知识与环境监测实践相结合的关键桥梁，具有很强的实践性。《环境监测实验》共分四章，包括实验室安全知识、验证性实验、综合性实验、设计性实验等内容。实验内容涉及大气、水、土壤、噪声等环境介质中典型污染因子的常规监测及生物监测技术，共有33个实验项目。此外，本书设计了5个创新性项目，以培养学生全面实践的能力和团队协作精神。

本书可作为高等院校环境科学与工程相关专业的实验教学用书，也可供其他专业学生作教学参考书，还可供相关行业及环保技术人员阅读和参考。

图书在版编目（CIP）数据

环境监测实验 / 李昌丽主编 ; 冷杰雯，张喜宝副主编. -- 北京 : 化学工业出版社，2024. 10. --（高等学校教材）. -- ISBN 978-7-122-46335-7

Ⅰ. X83-33

中国国家版本馆 CIP 数据核字第 20244PF858 号

责任编辑：郭宇婧　　装帧设计：张　辉
责任校对：赵懿桐

出版发行：化学工业出版社
（北京市东城区青年湖南街 13 号　邮政编码 100011）
印　　装：北京天宇星印刷厂
787mm×1092mm　1/16　印张 10½　字数 257 千字
2024 年 10 月北京第 1 版第 1 次印刷

购书咨询：010-64518888　　售后服务：010-64518899
网　　址：http://www.cip.com.cn
凡购买本书，如有缺损质量问题，本社销售中心负责调换。

定　　价：36.90 元

前言

进入工业社会以来，不断出现的生态环境问题引起了人们的反思和担忧，树立生态理念、加强环境监测、注重环境保护越来越成为人们的共同呼吁和心声。环境监测是环境保护的“眼睛”，是促进环境保护工作的重要手段，是制定环境标准的重要前提，是现代环境治理能力和水平的重要体现。环境监测工作与环境保护工作息息相关，影响环境质量建设工作的开展，更关系到广大人民群众的切身环境利益。

环境监测是环境科学与工程、环境科学、环境工程、资源与环境、市政工程等相关专业学生的一门专业必修课，是环境科学与工程学科中具有综合性、实践性、时代性和创新性的一门重要的理论与方法课程。本教材的编写结合环境科学与工程专业培养方案和高校环境科学与工程类专业教学大纲中实践教学的基本要求，实验的设置和实验内容的安排分成不同的层次，设置了验证性基本操作实验、综合性提高实验和设计性创新实验 3 个层次的实验项目，以满足学生的不同需求，由学生自主选择，逐步向开放型实验过渡；同时，针对同一污染物，增加了多个常用或最新实验方法，提高了检测方法的多样性、时效性和实用性，满足不同学生、不同实验室的需求。全书实验内容涉及水质监测、空气监测、土壤质量监测、噪声监测等，每个实验包括实验原理，方法要点，仪器、设备和试剂，实验步骤，实验结果，注意事项和思考题等项目。

本教材第 1 章由李昌丽编写，第 2 章中实验 6～8 和第 3 章中实验 30～32 由冷杰雯编写，第 3 章中实验 24～26 由辽宁科维检验检测有限公司王佳佟编写，第 4 章由辽宁洪城环保有限公司张喜宝编写，其余实验项目由李昌丽负责编写，全书由李昌丽统稿、修改定稿。

本教材内容参考了国家有关标准以及国内外出版的一些教材和著作，在此向有关作者表示衷心感谢！

由于编者水平有限，不足之处在所难免，恳请读者批评指正。

编者

2023 年 11 月

目录

第1章 实验室安全知识

一、一般安全守则

(1) 进入实验室必须遵守实验室的各项规定，严格执行操作规程，必须穿实验服，戴防护眼镜、手套等防护用具，禁止穿背心、短裤或裙子等暴露过多皮肤的衣服，不得佩戴接触镜，长发必须扎起。

(2) 实验室要经常保持干净、整洁。试剂存放有序，仪器摆放合理，实验台面干净。

(3) 实验人员应熟悉洗眼器和应急喷淋装置的位置和使用方法，确认其有效性及完好性。

(4) 禁止在实验室内吸烟、进食、使用燃烧型蚊香、睡觉等，禁止放置与实验无关的物品，不得在实验室内追逐、打闹。

(5) 实验室的每瓶试剂、溶液，必须贴有名实一致的标签，绝不允许在瓶内盛装与标签内容不相符的试剂。实验中所用的药品不得随意遗弃，废物、废液等应放入指定的容器中，需要回收的药品应放入指定回收瓶中。

(6) 使用电器设备（如恒温水浴锅、加热套、电炉等）时，禁止用湿手或在眼睛旁视时开关电器。实验完毕后，拔下电源插头，切断电源。如不慎触电，立即切断电源，然后联系指导教师处理。

(7) 实验室中所有的加热操作（如常压蒸馏、回流）装置，都必须有通气孔接通大气，不能密闭加热。蒸馏或加热易燃液体时，绝不可使用明火，一般也不要蒸干。操作过程中人不要离开，以防温度过高或冷却水临时中断引发事故。

(8) 蒸馏和回流操作必须在加热前加入防暴沸玻璃珠，防止溶液因过热暴沸而冲出；若在加热时发现未加防暴沸玻璃珠，应立即停止加热，待溶液稍冷后再放，严禁过热时放入防暴沸玻璃珠；如果沸腾过程中停火冷却，再加热沸腾时须重新补加防暴沸玻璃珠。

(9) 进行有潜在危险的工作时，如危险物料的现场取样、易燃易爆物品的处理、焚烧废料等，必须有第二人陪同。陪同者应位于能看清操作者工作情况的地方，并注意观察操作的全过程。

（10）实验结束后，应仔细洗手，以防化学药品中毒。离开实验室时要认真检查、停水、断电、熄灯、锁门。

二、消防安全

1. 常见隐患

（1）易燃易爆化学品的存放与使用不规范。

（2）消防通道不畅、废旧物品未及时清理。

（3）疏散指示标志和应急照明灯出现损坏。

（4）消火栓箱内器材缺失。

（5）电线出现老化和乱接的情况。

（6）消防设备长期停用或出故障不维修。

（7）灭火器未定时更换。

（8）人员消防安全意识欠缺，消防知识不足。

（9）火源、热源、电源距可热物较近。

（10）用电不规范，随意使用明火。

2. 灭火的基本方法

灭火主要是从3个方面采取措施：控制可燃物，控制造成燃烧的物质基础，缩小燃烧范围；隔绝空气（助燃物），防止构成燃烧的助燃条件；消除着火源，消除激发燃烧的热源。实验室火灾发生后，应立即切断电源，关闭所有加热设备；快速移去附近的可燃物；关闭通风装置，减少空气流通；立即扑灭火焰，设法隔断空气，使温度下降到可燃物的着火点以下；火势较大时，可用灭火器扑救。

灭火的基本方法有如下4种：

（1）冷却法：用水喷射、浇洒，降低燃烧物质的温度，当其降到着火点以下，即可将火熄灭。因水取用最方便、最便宜，所以用水灭火是扑灭火灾最常用的方法。

（2）窒息法：用二氧化碳、氮气或石棉布、蘸水的被褥、麻袋、沙子等不燃烧或难燃烧的物质覆盖在燃烧物上，使空气和其他氧化剂不能与可燃物充分接触，使燃烧空间中的空气含氧量降低到16%以下，即可将火熄灭。

（3）隔离法：将着火物附近易燃烧的东西搬到远离火源的地方，可将火灾限制在最小范围内，阻止火势蔓延，使火灾由大变小，直至熄灭。

（4）抑制法（化学中断法）：用含溴的卤代烷化学灭火剂（如1211）喷射、覆盖火焰。这种方法通过抑制燃烧的化学反应过程，夺去燃烧连锁反应中的活泼性物质，使燃烧中断，达到灭火目的。

3. 实验室常用灭火装置

1）泡沫灭火器

（1）型号、规格：型号用字母“MP”表示，规格在6.5～130L内分有多种，实验室常用为10L。

（2）使用药剂：筒内装有碳酸氢钠、发沫剂和硫酸铝溶液。

（3）适用范围：适合扑救油类火灾。

（4）效能：10L 灭火器喷射时间为 60s，射程为 8～10m。其他规格可参阅相应说明书（如 15L 的灭火器喷射时间为 170s，有效射程为 13.5m）。

（5）使用方法：颠倒筒身稍加摇动或打开开关，药剂即可混合反应，喷出泡沫。

（6）保管与检查：灭火器应放在安全、便于取用的地方；防止喷嘴堵塞；注意使用期限；冬季要做好保温措施、防止冻结。第一种方法是检查泡沫灭火器的泡沫发生倍数，一般为 5.5～8 倍，存放期间低于 4 倍时应及时换药；第二种方法是用波美比重计试验内外药，内药为 30°Bé[1]、外药为 10°Bé，低于规定应及时换药。

2）酸碱灭火器

（1）型号、规格：属一种泡沫灭火器，型号用字母“MP”表示，实验室常用规格为 10L。

（2）使用药剂：筒内装有碳酸氢钠水溶液和硫酸。

（3）使用范围：适合扑救木材、棉花、纸张等引发的火灾，不能扑救电气和油类火灾。

（4）效能：10L 灭火器喷射时间为 50s，射程为 10m。

（5）使用方法：把筒身颠倒过来，溶液即可喷出。

（6）保管与检查：保管方法同泡沫灭火器，检查方法同泡沫灭火器的第二种检查方法。

3）手提式干粉灭火器

（1）型号、规格：型号用字母“MF”表示，规格在 1～8kg 范围内有多种，实验室常用有 3kg、4kg、5kg 和 8kg 四种规格。

（2）使用药剂：筒内装有小苏打或钾盐干粉，并充有高压二氧化碳气体。

（3）使用范围：适用于扑救石油、石油产品、可燃气体、油漆等有机溶剂和电气设备的火灾。

（4）效能：喷射时间为 8～20s，射程为 2～5m，灭火面积为 0.8～2.5m^2，绝缘性能为 10000V。

（5）使用方法：使用时，打开保险销，把喷管喷口对准火源，拉动拉环，即可喷出干粉。

（6）保管与检查：干粉灭火器应保存在干燥通风处，防止受潮、日晒。每年检查一次，若发现干粉受潮结块，二氧化碳质量、压力不符合规定时，应及时换药。

4）推车式干粉灭火器

（1）型号规格：在 35～70L 范围内有多种。

（2）使用药剂：同手提式干粉灭火器。

（3）使用范围：同手提式干粉灭火器。

（4）效能：喷射时间为 17～30s，射程为 10～13m；工作压力约为 0.78MPa～1.37MPa，绝缘性能为 10000V。

（5）使用方法：使用时，将灭火器推至火源附近（室外置于上风方向）。先取下喷枪，展开出粉管（注意：切不可有任何扭折现象），再提起进气压杆，使高压二氧化碳气体进入储罐，当气压表读数达 0.69MPa～1.08MPa 时，放下压杆停止进气。接着用两手持喷枪，双脚站稳，使喷枪口对准火焰边缘根部，扣动开关，将干粉喷出，由近至远将火扑灭。在扑救油类火灾时，切勿使干粉的气流直接冲击油面。

---

[1] °Bé（波美度）是表示溶液质量浓度的一种单位，不同溶液可测定其比重，查表换算得到对应的质量浓度。

(6) 保管与检查：同手提式干粉灭火器。

5) 二氧化碳灭火器

(1) 型号规格：型号用字母“MT”表示，规格有2kg以下、2～3kg、5～7kg等多种，实验室常用规格为3kg。

(2) 使用药剂：瓶内盛有被压缩成液态的二氧化碳。

(3) 使用范围：适合扑救贵重仪器、设备的火灾，不能扑救金属钾、钠、镁、铝等及其氢化物的火灾。

(4) 效能：喷射时间为20～45s、射程为1.2～2.5m，水压应达22MPa左右。

(5) 使用方法：要接近着火地点，保持3m远距离；先将铅封去掉，手提提把，使喇叭筒（喷筒）对准火源，另一手将开关按逆时针方向旋转，即可开启开关，使高压二氧化碳气体自行喷出。注意切勿逆风使用。

(6) 保管与检查：保管同泡沫灭火器。应每隔3个月测量一次二氧化碳灭火器的质量，将测得的质量与筒体注明的筒体质量和二氧化碳净重对照。当二氧化碳的净重减少到原净重的10%以上时，应及时充气。

6) 1211卤代烷灭火器

(1) 型号规格：1211是二氟一氯一溴甲烷的代号，1211灭火器是卤代烷灭火器的其中一种，规格有0.5～5kg多种。

(2) 使用药剂：钢瓶内装有卤代烷液化气体，以氮充压。

(3) 使用范围：适用于扑救易燃液体、可燃气体火灾以及精密机械、电子仪器、电子设备及仪表、文物、图书、档案等贵重物品的火灾。

(4) 效能：1211灭火器是一种轻便、高效的灭火器材，喷射时间为10～18s，射程为2～5m。

(5) 使用方法：使用时先拔掉安全销，然后握紧压把开关，压把使密封阀开启，灭火剂在氮气压力作用下即可由喷嘴喷出。当松开压把时，压杆在弹簧作用下恢复原位，使阀门关闭，便停止喷射。使用时应垂直操作，不可平放或颠倒使用。使用时，喷嘴要对准火源根部，并向火焰边缘左右喷射，快速向前推进；如遇零星小火，可采取点射灭火。

(6) 保管与检查：应放在明显、取用方便的地方，要防止各类热源和日晒。每半年检查一次灭火器的总质量，当减少1/10以上时，应及时补充药剂和充气。

7) 消火栓

消火栓是灭火（用水灭火）供水设备之一，分室内消火栓和室外消火栓两种。使用时，将水带一端的接口接在消火栓的出水口上，再把消火栓的手轮沿开启方向旋转，即可将水喷出，对准火源扫射。

(1) 室内消火栓：型号用字母“SN”表示，型式为内扣式管牙螺纹，分50mm和65mm两种口径，压力约为0.98MPa。

(2) 室外消火栓：型号用字母“SX”表示，分100mm和150mm两种口径，压力为0.78MPa～1.57MPa。

8) 水带

水带是连接消防泵、消火栓或水枪等喷射装置的输水管道。水带的长度为20m。为了连接方便，水带的两头均配有快接口。水带充水后应防止折弯，防止与坚硬物接触摩擦，防止各种油类将其沾污。平时应将水带的积水晾干，将其展平卷成盘状，存放于阴凉干燥处保管。

4. 火灾的扑救

1）救火原则及器械使用

（1）救火原则。扑救初期火灾时，应立即大声呼叫，组织人员选用合适的方法进行扑救，同时立即报警。扑救时应遵循先控制、后消灭，救人重于救火，先重点后一般的原则。

（2）灭火器的使用见图 1-1。

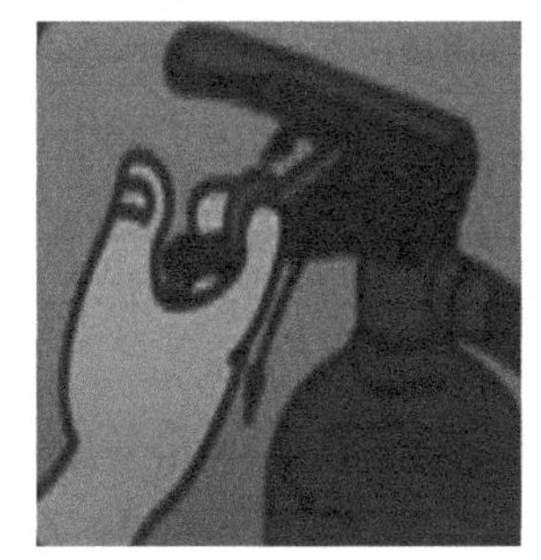

(a) 拉开保险插销

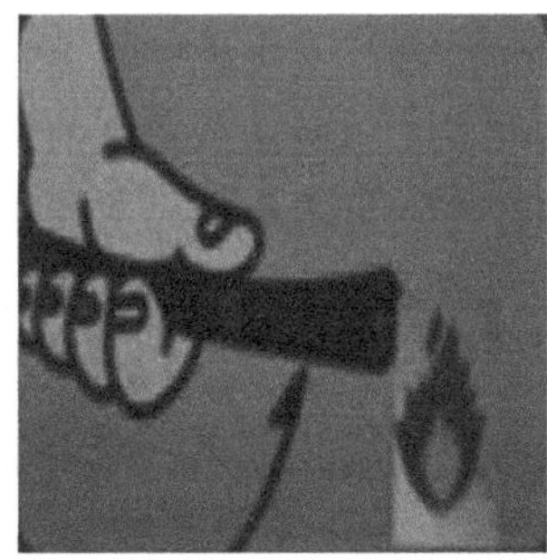

(b) 喷嘴对准火苗根部

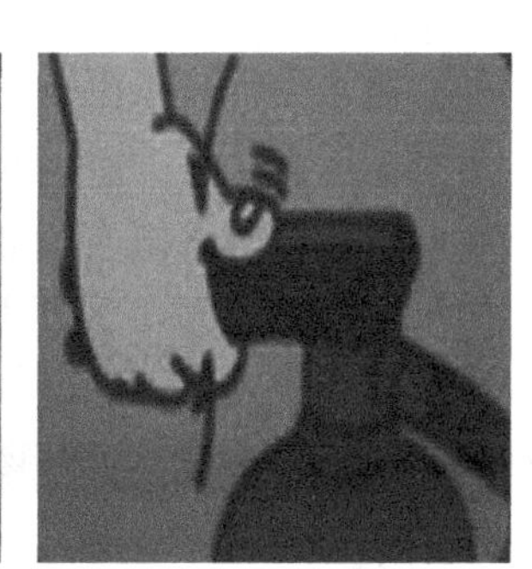

(c) 用力握下手压柄喷射

图 1-1　灭火器的使用

（3）消防栓的使用见图 1-2。

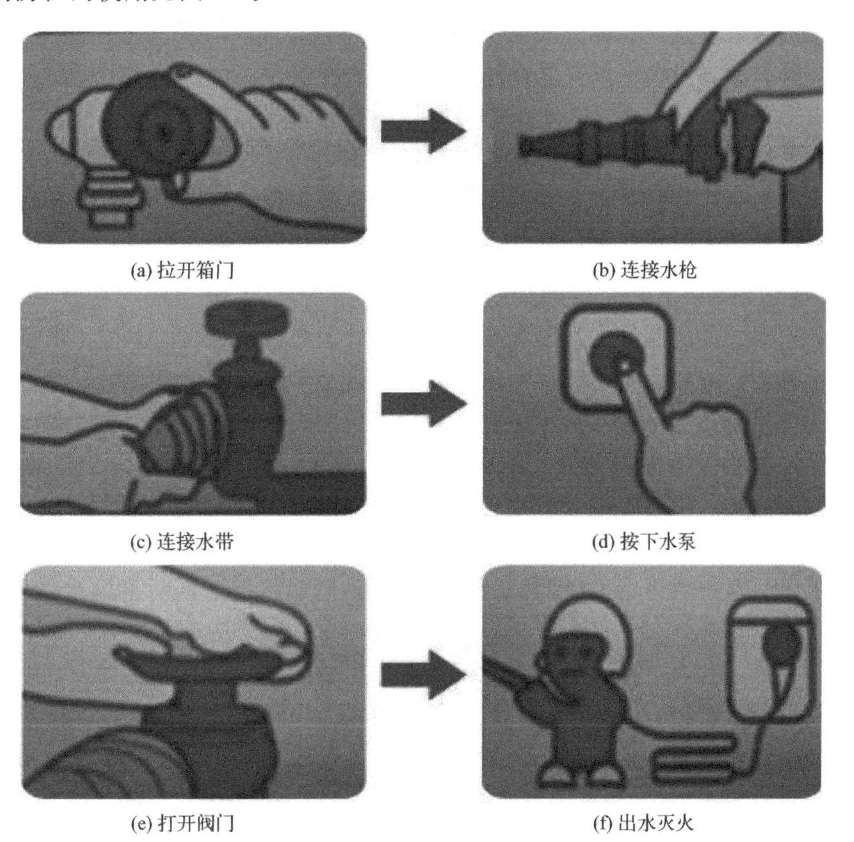

(a) 拉开箱门

(b) 连接水枪

(c) 连接水带

(d) 按下水泵

(e) 打开阀门

(f) 出水灭火

图 1-2　消防栓的使用

2）逃生自救

（1）熟悉实验室的逃生路径、消防设施及自救逃生的方法，平时积极参与应急逃生预演，将会事半功倍。

（2）应保持镇静、明辨方向、迅速撤离，千万不要相互拥挤、乱冲乱窜，应尽量往楼层下面跑；若通道已被烟火封阻，则应背向烟火方向离开，通过阳台、气窗、天台等往室外逃生。

（3）为了防止火场被浓烟呛入，可采用湿毛巾、口罩蒙鼻，匍匐撤离。

（4）禁止通过电梯逃生。如果楼梯被烧断、通道被堵死时，可通过屋顶天台、阳台、落水管等逃生，或在固定的物体上（如窗框、水管等）拴绳子，然后手拉绳子缓缓而下。

（5）如果无法撤离，应退居室内，关闭通往着火区的门窗，还可向门窗上浇水，延缓火势蔓延，并向窗外伸出衣物或抛出物件发出求救信号或呼喊，等待救援。

（6）如果身上着了火，千万不可奔跑或拍打，应迅速撕脱衣物，或通过用水、就地打滚、覆盖厚重衣物等方式压灭火苗。

（7）生命第一，不要贪恋财物，切勿轻易重返火场。

三、水电安全

1. 用电安全

（1）确认仪器、设备状态完好后，方可接通电源。

（2）使用电气设备时，应保持手部干燥。当手、脚、身体沾湿或站在潮湿的地板上时，切勿启动电源开关、触摸通电的电气设施。

（3）不得擅自进入高电压、大电流的危险区域或有警示标识的区域。

（4）存在易燃易爆化学品的场所，应避免产生电火花或静电。

（6）发生电气火灾时，首先要切断电源，尽快拉闸断电后再用水或灭火器灭火。在无法断电的情况下应使用干粉、二氧化碳等不导电灭火剂来扑灭火焰。

2. 触电救护

（1）隔离电源：如果有旁人帮助，要切断电源开关或者用绝缘的木棍、木条，将电线从触电者的身上移除，避免患者继续接触电源，以保证患者或者是急救者的安全。在未切断电源之前，切不可用手拉触电者，也不能用金属或潮湿的东西挑电线。触电者脱离电源后，应迅速将其移到通风干燥的地方仰卧。如果触电者在高处，则应先采取保护措施，再切断电源，以防触电者摔伤，然后将触电者移到空气新鲜的地方休息。

（2）心电监护：如果患者是轻微触电，只表现出心悸、头晕和肢体麻木的情况，患者意识清楚时，可以只对患者进行心电监护，观察患者的呼吸情况，同时检测患者的血电解质，看是否存在肌肉损伤。

（3）心肺复苏：如果电流对触电者心脏产生电击作用，表现为意识丧失、呼吸和心脏骤停，此时要立刻对患者进行心肺复苏，进行急救治疗。要进行胸外按压，如果有条件可进行人工呼吸的治疗，这是一种危及生命的情况，在基本的现场救治之后，要积极呼叫120，将患者送到医院进行救治。

3. 用水安全

（1）了解实验楼自来水阀各级阀门的位置。

（2）上、下水道必须保持通畅，水槽和排水渠必须保持畅通，水龙头或水管漏水、下水道堵塞时，应及时联系修理、疏通。

（3）严格执行用水管理制度，节约用水，按需求量取水，用毕切记关好水龙头，杜绝自来水龙头打开而无人监管的现象。在无人状态下用水时，须做好预防措施及停水、漏水的应急准备。

（4）根据实验所需水的质量要求选择合适的水。洗刷玻璃器皿应先使用自来水，最后用纯水冲洗；色谱、质谱及生物实验（包括缓冲液配制、水栽培、微生物培养基制备、色谱及质谱流动相等）应选用超纯水。

（5）超纯水和纯水都不要存储，随用随取。若长期不用，在重新启用之前，要打开取水开关，使超纯水或纯水流出约几分钟时间后再接用。

（6）纯净水的取用应按照操作规程进行操作，取水时应注意及时关闭取水开关，杜绝无人看守取水桶的现象，防止纯水溢流。

（7）上水管与水龙头连接处及上、下水管与仪器或冷凝水管的连接处必须用管箍夹紧固定，下水管必须插入水槽中的下水管道中。

（8）冷却水输水管必须使用橡胶管，不得使用乳胶管，定期检查冷却水装置的连接胶管接口和管道老化情况，出现老化或松动，应及时更换或加固，以防漏水。

（9）化学实验室的废弃化学试剂，实验产生的有毒有害危险废物，遇潮遇水易发生化学反应、性质不稳定、易分解变质的化学药品，严禁直接倒入下水管道。

（10）新建或改造实验室要在学校水电、消防、实验室安全管理部门进行安全审批，建设过程中要充分考虑安全因素，严格按照国家规范设计施工。

四、化学品安全

1. 化学品一般储存原则

（1）存放危险化学品的场所应保持整洁、通风、隔热、安全、防爆，远离热源、火源、电源，避免阳光直射，保证危险气体的快速疏散，并备有灭火器等消防安全器材。

（2）所有化学品和配制试剂都应贴有明显标签，发现试剂瓶上标签掉落或将要模糊时应立即贴制标签，无标签或标签无法辨认的药品和试剂要当成危险物品重新鉴别后小心处理，不可随便乱扔，以免引起严重后果。

（3）化学品要密封分类存放，应依照配伍禁忌原则，密封、分类、合理存放。

① 毒害品应放于阴凉干燥、通风良好处，远离火种、热源，保持容器密封。

② 强酸类应放于阴凉干燥、通风良好处，碱类物质、金属粉末、卤素物质等分开存放。

③ 强碱类应放于阴凉干燥、通风良好处，注意防潮和防雨淋，应与易燃或可燃物及酸类分开存放。使用时应做好防护措施，穿戴好防护用具。

④ 易燃易爆品应放于阴凉干燥、通风良好处，远离火种、热源，避免阳光直射，应与氧化剂、强酸、强碱等分开存放。

（4）实验室台架无挡板不得存放化学试剂、大量试剂，严禁囤积大量的易燃易爆性化学品。

（5）实验室应建立并及时更新化学品台账，及时清理无标签和废旧的化学品。

（6）易燃易爆试剂应贮存于铁柜（壁厚 1mm 以上）中，柜的顶部有通风口，不要放在冰箱内。严禁在实验室存放大于 20L 的瓶装易燃液体。

（7）腐蚀性试剂应放在塑料或搪瓷的盘或桶中，以防因瓶子破裂造成事故。

（8）要注意化学试剂的存放期限，一些试剂在存放过程中逐渐变质，甚至会形成危害物。

（9）药品柜和试剂溶液应避免阳光直晒及靠近暖气等热源，要求避光的试剂应存放于棕色瓶中或用黑纸或黑布包好存于暗柜中。

（10）易制毒、易制爆化学品要放置于专用库房中，剧毒品要放置于专用储存柜中，要严格执行“双人验收、双人保管、双人领取、双把锁、双本账”的五双管理制度，台账清晰。

2. 化学品一般使用原则

（1）严格按实验规程进行操作，在能够达到实验目的的前提下，尽量少用化学品或用危险性低的物质替代危险性高的物质。

（2）使用化学品必须佩戴口罩、护目镜、手套、实验服等防护用品。

（3）严禁使用无标识或不明化学品，遇到危险情况或化学品泄漏要及时上报，操作使用危险化学品时，要确保附近有供水充足的水龙头。

（4）使用化学品时，不能直接接触药品、品尝药品味道、把鼻子凑到容器口闻药品的气味。

（5）严禁在开口容器或密闭体系中用明火加热有机溶剂，不得在烘箱内存放干燥易燃有机物。

（6）所有化学品和配制试剂都应贴有明显标签，杜绝标签缺失、新旧标签共存、标签信息不全等混乱现象。配制的试剂、反应产物等应有名称、浓度或纯度、责任人、日期等信息。

（7）使用浓酸、浓碱，必须小心操作，防止溅到皮肤或衣服上。若不慎溅在实验台或地面，必须及时用湿抹布擦洗干净。用移液管量取这些试剂时，必须使用洗耳球，严禁用口吸取。

（8）使用易燃易爆化学品时，应在通风橱内进行，远离热源、火源。在使用过程中需要加热挥发，须采用水浴加热，严禁用明火，并在通风橱内进行。电源开关、电源插头等须在通风橱外。

（9）化学品外包装容器使用后统一存放在固废仓库，内包装容器经清洗后在固废仓库指定地点存放。剧毒品和易制毒化学品包装容器存放于指定地点，由供应商回收。

（10）非专业人员或非经允许，不得擅自进入化学品仓库，不得试嗅和接触尤其是湿手接触化学品，以免引起化学品烧伤与腐蚀事故。

3. 化学废物处置

（1）应及时清理化学废物，遵循兼容相存的原则，用原瓶或带螺纹盖子的容器分类收集，做好标识，按照学校有关规定及时送出。

（2）禁止在化学危险品贮存区堆积可燃废弃物品，泄漏或渗漏危险品的包装容器应迅速转移至安全区域。危险化学品及废物应指定专人负责，送往危险化学品废弃物处理部门统一处置，不得随意抛弃、污染环境。

（3）一般液体废物包括清洗用水、实验用水、灭菌后的液体微生物培养基、一般化学品的废液（NaCl、$CuSO_4$ 等），可直接通过排污管道进入污水处理厂。

（4）固体危险品废物包括固体危险化学品、盛放危险化学品的试剂瓶、沾染化学危险品的玻璃仪器碎渣，暂存于实验室带盖的固体危险品废物垃圾桶内，定期将其转移至废物暂存库统一处理，作好相应记录。

（5）对危险化学品废物容器、包装物，贮存、运输、处置危险化学品废物的场所、设施，必须设危险废物识别标志。

（6）危险化学品废物的包装应采用易回收利用、易处置或者在环境中易消纳的包装物。

（7）转移危险化学品废物应由专门负责人按国家有关规定填写、办理废物转移联单，并向危险废物移出地和接受地的县级以上环保局报告。

（8）运输危险化学品废物，必须采取防止污染环境的措施。

（9）安全部门负责制订在贮存、运输、处置危险化学品废物时可能发生的意外事故的应急措施。

（10）贮存、运输、处置危险化学品废物的场所、设施、设备、容器、包装物及其他物品转作他用时，必须经过消除污染及消毒处理，方可使用。

4. 应急救援

发生化学安全事故，应立即报告实验指导教师，并积极采取措施进行应急救援，然后送伤者至医院治疗。

1）创伤（碎玻璃引起）

伤口不能用手抚摸，也不能用水冲洗。若伤口里有碎玻璃片，应先用消过毒的镊子取出来，在伤口上擦龙胆紫药水，消毒后用止血粉外敷，再用纱布包扎。伤口较大、流血较多时，可用纱布压住伤口止血，并立即送医务室或医院治疗。

2）烫伤或烧伤

烫伤后切勿用水冲洗，一般可在伤口处擦烫伤膏或用浓高锰酸钾溶液擦至皮肤变为棕色，再涂凡士林或烫伤药膏。被磷烧伤后，可用 1%硝酸银溶液、5%硫酸银溶液或高锰酸钾溶液洗涤伤处，然后进行包扎，切勿用水冲洗。被沥青、煤焦油等有机物烫伤后，可用浸透二甲苯的棉花擦洗，再用羊脂涂敷。

3）受（强）碱腐蚀

先用 2%醋酸溶液或饱和硼酸溶液清洗，然后再用水冲洗。若碱溅入眼内，应立使用洗眼器冲洗；如果只溅入单侧眼睛，冲洗时水流应避免流经未被污染的眼睛。

4）受（强）酸腐蚀

应迅速除去被污染衣服，及时用大量水冲洗，然后用饱和碳酸氢钠（$NaHCO_3$）溶液或稀氨水、肥皂水冲洗，再用水冲洗，最后涂上甘油。若酸溅入眼中，先用大量水冲洗，然后用碳酸氢钠溶液冲洗，严重者送医院治疗。

5）其他液体腐蚀

液溴腐蚀应立即用大量的水冲洗，再用甘油或酒精洗涤伤处；氢氟酸腐蚀先用大量水冲洗，再用碳酸氢钠（$NaHCO_3$）溶液冲洗，最后用甘油氧化镁涂在纱布上包扎；苯酚腐蚀先用大量水冲洗，再用 10%的酒精与三氯化铁溶液的混合液（体积比为 4∶1）冲洗。

6）误吞毒物

常用的解毒方法是给中毒者服催吐剂，如肥皂水、芥末和水，或服鸡蛋白、牛奶和食物油等，以缓和刺激，随后用干净手指伸入喉部，引起呕吐。注意磷中毒的人不能喝牛奶，可用 5～10mL 的 1%的硫酸铜溶液加入一杯温开水内服，引起呕吐，然后送医院治疗。

7）吸入毒气

果断采取措施（如关闭管道阀门、堵塞泄漏的设备等）切断毒源，并通过开启门、窗等措施降低毒物浓度。中毒很轻时，通常只要把中毒者移到空气新鲜的地方，解松衣服（但要注意保温），使其安静休息，必要时给中毒者吸入氧气，但切勿随便使用人工呼吸。若吸入溴蒸气、氯气、氯化氢等，可吸入少量酒精和乙醚的混合物蒸气，使之解毒。吸入溴蒸气也可用嗅氨水的办法减缓症状。吸入少量硫化氢者，立即将中毒者送到空气新鲜的地方。中毒较重的，应立即送到医院治疗。

8）低温冻伤

皮肤若被低温物质（如固体二氧化碳、液氮）冻伤，应用温水慢慢恢复体温。

五、特种设备安全

1．气体钢瓶

1）气瓶的颜色标志

气瓶的颜色标志是指气瓶外表面的颜色、字样、字色和色环，其作用一是识别气瓶的种类，二是防止气瓶锈蚀。常见气瓶的颜色标志如下：

（1）氧气：瓶身天蓝色，字样黑色。

（2）氢气：瓶身深绿色，字样红色。

（3）氯气：瓶身草绿色，字样白色。

（4）氨气：瓶身黄色，字样黑色。

（5）乙炔和硫化氢：瓶身均为白色，字样红色。

（6）煤气、碳酰氯、氯乙烷、溴甲烷、胺类、环氧乙烷：瓶身均为灰色，字样红色。

（7）卤化氢、二氧化碳、二氧化氮：瓶身均为灰色，字样黑色。

（8）烷烃、烯烃类：瓶身褐色，其中烷烃类字样为白色，烯烃类字样为黄色。

（9）硫化氢：瓶身白色，字样红色。

（10）氮气：瓶身黑色，字样黄色。

2）气瓶的储存环境

（1）应置于专用仓库储存，气瓶仓库应符合《建筑设计防火规范》的有关规定。

（2）仓库内不得有地沟、暗道，严禁明火和其他热源，仓库内应通风、干燥，避免阳光直射、雨水淋湿，尤其是夏季雨水较多，谨防仓库内积水，腐蚀钢瓶。

（3）空瓶与实瓶应分开放置，并有明显的标志，毒性气体气瓶和瓶内气体相互接触能引起燃烧、爆炸，产生毒物的气瓶应分室存放，并在附近设置防毒用具或灭火器材。

（4）气瓶放置应整齐、配好瓶帽，立放时应妥善固定，横放时头部朝同一方向。

（5）盛装发生聚合反应或分解反应气体的气瓶，必须根据气体的性质控制仓库内的最高温度，规定储存期限，并应避开放射线源。

3）气瓶的安全使用

（1）采购和使用有制造许可证的企业的合格产品，不使用超期未检验的气瓶。

（2）用户应到已办理充装注册的单位或经销注册的单位购气，自备瓶应由充装注册单位委托管理，实行固定充装。

（3）气瓶使用前应进行安全状况检查，对盛装气体进行确认，不符合安全技术要求的气瓶严禁入库和使用，必须严格按照使用说明书的要求使用气瓶。

（4）气瓶的放置点不得靠近热源和明火，应保证气瓶瓶体干燥，可燃、助燃气体瓶与明火的距离一般不小于10m。

（5）气瓶立放时，应采取防倾倒的措施。

（6）气瓶夏季应防止被暴晒，一般存放在有顶棚的气瓶柜中。

（7）严禁敲击、碰撞气瓶。

（8）严禁在气瓶上进行电焊引弧。

（9）严禁用温度超过40℃的热源对气瓶加热，瓶阀发生冻结时严禁用火烤。

（10）瓶内气体不得用尽，必须留有剩余压力或质量，永久气体气瓶的剩余压力应不小于0.05MPa，液化气体气瓶应留有不少于0.5%规定充装量的剩余气体。

（11）在可能造成回流的使用场合，使用设备上必须配置防止倒灌的装置，如单向阀、止回阀、缓冲罐等；气瓶在工地使用或其他场合使用时，应把气瓶放置于专用的车辆上或竖立于平整的地面，用铁链等将其固定牢靠，避免因气瓶放气倾倒坠地而发生事故。

（12）使用中若出现气瓶故障，如阀门严重漏气、阀门开关失灵等故障，应将瓶阀的手轮开关转到关闭的位置，再将气瓶送气体充装单位或专业气瓶检验单位处理。未经专业训练、不了解其瓶阀结构及修理方法的人员不得修理。

（13）严禁擅自更改气瓶的钢印和颜色标记。

（14）为了避免气瓶在使用中发生爆炸、燃烧、中毒等事故，所有瓶装气体的使用单位，应根据不同气体的性质和国家有关规范标准，制定瓶装气体的使用管理制度及安全操作规程。

（15）使用单位应做到专瓶专用。严禁用户私自改装、擅自改变气瓶外表颜色标志、混装气体，由此造成事故的，必须追究改装者责任。

（16）使用氧气或其他氧化性气体时，凡接触气瓶及瓶阀（尤其是出口接头）的手、手套、减压器、工具等，不得沾染油脂。因为油脂与一定压力的压缩氧或强氧化剂接触后能产生自燃和爆炸。

（17）盛装易发生聚合反应的气体气瓶，不得置于有放射线的场所。

（18）当开启气瓶阀门时，操作者应特别注意要缓慢，如果操之过急，有可能引起因气瓶排气而倾倒坠地（卧放时起跳）及可燃、助燃气体气瓶出现燃烧甚至爆炸的事故。瓶阀开启过急过猛，压力高达15MPa的气体瞬间从瓶内排至有限的胶质气带内，因速度快形成了绝热压缩，导致高温，引起胶质气带的燃烧甚至爆炸。此外，由于猛开瓶阀，气流速度快，因摩擦静电能引发可燃物及助燃物的燃烧（助燃气体的燃烧往往是因有可燃物的存在而发生的）。

（19）使用气瓶后，必须关闭气体钢瓶上的主气阀和释放调节器内的多余气压。

（20）实验室内应保持良好的通风，若发现气体泄漏，应立即采取关闭气源、开窗通风、疏散人员等应急措施。切忌在易燃易爆气体泄漏时开关电源。

2. 高压蒸汽灭菌器

1）使用方法

（1）在外层锅内加适量的水，将需要灭菌的物品放入内层锅，盖好锅盖并对称地扭紧螺旋。

（2）加热使锅内产生蒸汽，当压力表指针达到33.78kPa时，打开排气阀，将冷空气排出，此时压力表指针指示压力下降，当指针指向零时，将排气阀关好。

（3）继续加热，锅内蒸汽增加，压力表指针指示压力又上升，当锅内压力增加到所需压力时，按所灭菌物品的特点，使蒸汽压力维持所需压力一定时间，然后将灭菌器断电，让其自然冷后慢慢打开排气阀以排除余气，然后才能开盖取物。

2）使用注意事项

（1）有些材质的塑料不能高压灭菌，在操作前请确认。灭菌时容器的盖子要松开，以免瓶中压力增大，塑料离心管盖子太紧灭菌后，空气骤冷时真空会造成离心管变形。

（2）某些成分的溶液高温高压灭菌会造成物质沉淀、变色和分解，灭菌前请确认该溶液的正确除菌方式。

（3）灭菌的溶液在试剂瓶中不能装得过满以免中途喷洒。

（4）使用前一定要检查锅内的水是否足够。

（5）将高压锅盖和锅体对齐后才能扣上螺钉。

（6）等待热蒸汽排出冷空气的过程中不要走开，一定要等蒸汽排出，将排气阀关好后再离开。

（7）建议根据灭菌所需时间设置定时器，及时提醒操作者。

（8）消毒完毕等压力降为零后才能将排气阀打开放气，不能急于排气，人为降压，否则会造成已灭菌的液体重新沸腾甚至喷射。

（9）取出已消毒好的物品时，一定要戴好手套防止烫伤。

（10）平时注意保护好高压锅盖垫圈，注意是否有异物粘连，如有异物要及时清除，否则会导致蒸汽泄漏。

第2章 验证性实验

实验1 水质 pH值的测定——电极法

一、实验目的

（1）了解pH值的定义。

（2）掌握玻璃电极法测定水样pH值的原理及方法。

二、方法要点

本方法适用于地表水、地下水、生活污水和工业废水中pH值的测定，测定范围为0～14。

pH值由测量电池的电动势而得。该电池通常由参比电极和氢离子指示电极组成。溶液每变化1个pH单位，在同一温度下电位差的改变是常数，据此在仪器上直接以pH的读数表示。

三、仪器、设备和试剂

1. 仪器、设备

（1）采样瓶：聚乙烯瓶。

（2）酸度计：精度为0.01个pH单位，具有温度补偿功能，pH值测定范围为0～14。

（3）电极：分体式pH电极或复合pH电极。

（4）温度计：0～100℃。

（5）烧杯：聚乙烯或硬质玻璃材质。

（6）一般实验室常用仪器和设备。

2. 试剂

（1）实验用水：新制备的去除二氧化碳的蒸馏水。将水注入烧杯中，煮沸 10min，加盖放置冷却。临用现制。

（2）邻苯二甲酸氢钾（$C_8H_5KO_4$）：于 110～120℃下干燥 2h，置于干燥器中保存，待用。

（3）无水磷酸氢二钠（Na_2HPO_4）：于 110～120℃下干燥 2h，置于干燥器中保存，待用。

（4）磷酸二氢钾（KH_2PO_4）：于 110～120℃下干燥 2h，置于干燥器中保存，待用。

（5）四硼酸钠（$Na_2B_4O_7 \cdot 10H_2O$）：与饱和溴化钠（或氯化钠加蔗糖）溶液（室温）共同放置于干燥器中 48h，使四硼酸钠晶体保持稳定。

（6）标准缓冲溶液：按以下方法配制或购买市售合格标准缓冲溶液，按照说明书使用。

① 标准缓冲溶液Ⅰ：$c(C_8H_5KO_4)=0.05mol/L$，pH=4.00（25℃）。称取 10.12g 邻苯二甲酸氢钾，溶于水中，转移至 1L 容量瓶中并定容至标线。

② 标准缓冲溶液Ⅱ：$c(Na_2HPO_4)=0.025mol/L$，$c(KH_2PO_4)=0.025mol/L$，pH=6.86（25℃）。分别称取 3.53g 无水磷酸氢二钠和 3.39g 磷酸二氢钾，溶于水中，转移至 1L 容量瓶中并定容至标线。

③ 标准缓冲溶液Ⅲ：$c(Na_2B_4O_7)=0.01mol/L$，pH=9.18（25℃）。称取 3.80g 四硼酸钠，溶于水中，转移至 1L 容量瓶中并定容至标线，在聚乙烯瓶中密封保存。

（7）pH 广泛试纸。

四、实验步骤

1. 测定前准备

按照使用说明书对电极进行活化和维护，确认仪器正常工作。现场测定应了解现场环境条件以及样品的来源和性质，初步判断是否存在强酸碱、高电解质、低电解质、高氟化物等干扰，并进行相应的准备。

2. 仪器校准

（1）校准溶液。使用 pH 广泛试纸粗测样品的 pH 值，根据样品的 pH 值大小选择两种合适的校准用标准缓冲溶液。两种标准缓冲溶液 pH 值相差约 3 个 pH 单位。样品 pH 值尽量在两种标准缓冲溶液 pH 值范围之间，若超出范围，样品 pH 值至少与其中一个标准缓冲溶液 pH 值之差不超过 2 个 pH 单位。

（2）温度补偿。手动温度补偿的仪器，将标准缓冲溶液的温度调节至与样品的实际温度相一致，用温度计测量并记录温度。校准时，将酸度计的温度补偿旋钮调至该温度上。带有自动温度补偿功能的仪器，无须将标准缓冲溶液与样品保持同一温度，按照仪器说明书进行操作。

注： 现场测定时必须使用带有自动温度补偿功能的仪器。

（3）校准方法。采用两点校准法，按照仪器说明书选择校准模式，先用中性（或弱酸、弱碱）标准缓冲溶液，再用酸性或碱性标准缓冲溶液校准。

① 将电极浸入第一个标准缓冲溶液，缓慢水平搅拌，避免产生气泡，待读数稳定后，

调节仪器示值与标准缓冲溶液的 pH 值一致。

② 用蒸馏水冲洗电极并用滤纸边缘吸去电极表面水分，将电极浸入第二个标准缓冲溶液中，缓慢水平搅拌，避免产生气泡，待读数稳定后，调节仪器示值与标准缓冲溶液的 pH 值一致。

③ 重复①操作，待读数稳定后，仪器的示值与标准缓冲溶液的 pH 值之差应≤0.05 个 pH 单位，否则重复步骤①和②，直至合格。

注： 亦可采用多点校准法，按照仪器说明书操作，在测定实际样品时，需采用 pH 值相近（不得大于 3 个 pH 单位）的有证标准样品或标准物质核查。酸度计 1min 内读数变化小于 0.05 个 pH 单位即可视为读数稳定。

3. 样品测定

用蒸馏水冲洗电极并用滤纸边缘吸去电极表面水分，现场测定时根据使用的仪器取适量样品或直接测定；实验室测定时将样品沿杯壁倒入烧杯中，立即将电极浸入样品中，缓慢水平搅拌，避免产生气泡。待读数稳定后记下 pH 值。具有自动读数功能的仪器可直接读取数据。每个样品测定后用蒸馏水冲洗电极。

五、实验结果

测定结果保留小数点后 1 位，并注明样品测定时的温度。当测量结果超出测量范围（0～14）时，以“强酸，超出测量范围”或“强碱，超出测量范围”报出。

六、注意事项

（1）酸度计和电极应参照仪器说明书使用和维护。

（2）为减少空气中酸碱性气体的溶入或样品中相应物质的挥发，测定前不应提前打开采样瓶。

（3）测定 pH 值大于 10 的强碱性样品时，应使用聚乙烯烧杯。

（4）使用过的标准缓冲溶液不允许再倒回原瓶中。

（5）如有特殊需求时，可根据需要及仪器的精度确定结果的有效数字位数。

（6）如选用更高精度的仪器、设备，需使用更高精度的标准缓冲溶液，标准缓冲溶液配制的精确度应满足仪器的要求。

七、实验报告

（1）包含实验目的和意义、原始实验数据记录表、实验数据的处理、实验结果的分析与讨论、实验结论。

（2）实验报告要工整。

八、思考题

（1）正常水的 pH 是多少？

（2）引起水体超出正常 pH 的因素有哪些？

实验2 水质 色度的测定

一、实验目的

（1）掌握铂钴比色法和稀释倍数法的测定原理和操作。

（2）掌握色度标准溶液的配制。

二、实验方法

本实验测定经15min澄清后样品的颜色，pH值对颜色有较大影响，在测定颜色时应同时测定pH值。样品和标准溶液的颜色色调不一致时，本实验方法不适用。

（一）铂钴比色法

1. 方法要点

本方法适用于清洁水、轻度污染并略带黄色调的水，比较清洁的地面水、地下水和饮用水等。

用氯铂酸钾和氯化钴配制颜色标准溶液，与被测样品进行目视比较，以测定样品的颜色强度，即色度。

样品的色度以与之相当的色度标准溶液的度值表示。

2. 仪器和试剂

1）仪器

（1）常用实验室仪器和以下仪器。

（2）具塞比色管：50mL，规格一致，光学透明玻璃底部无阴影。

（3）pH计：精度±0.1 pH单位。

（4）容量瓶：250mL。

2）试剂

（1）光学纯水：将0.2μm滤膜（细菌学研究中所采用的）在100mL蒸馏水或去离子水中浸泡1h，用它过滤250mL蒸馏水或去离子水，弃去最初的250mL，以后用这种水配制全部标准溶液并作为稀释水。

（2）色度标准储备液，相当于500度[1]：将（1.245±0.001）g六氯铂（Ⅳ）酸钾（K_2PtCl_6）及（1.000±0.001）g六水氯化钴（Ⅱ）（$CoCl_2 \cdot 6H_2O$）溶于约500mL水中，加（100±1）mL盐酸（ρ=1.18g/mL）并在1000mL的容量瓶内用水稀释至标线。将溶液放在密封的玻璃瓶中，存放在暗处，温度不能超过30℃，至少能稳定6个月。

（3）色度标准溶液：在一组250mL的容量瓶中，用移液管分别加入2.50，5.00，7.50，10.00，12.50，15.00，17.50，20.00，25.00，30.00及35.00mL储备液，并用水稀释至标线。溶液色度分别为5，10，15，20，25，30，35，40，50，60和70度。溶液放

---

[1] 色度的标准单位，在每升溶液中含有2mg六水合氯化钴（Ⅱ）和1mg铂［以六氯铂（Ⅳ）酸的形式］时产生的颜色为1度。

在严密盖好的玻璃瓶中，存放于暗处，温度不能超过 30℃，至少可稳定 1 个月。

3. 样品采集、保存与制备

所用与样品接触的玻璃器皿都要用盐酸或表面活性剂溶液加以清洗，最后用蒸馏水或去离子水洗净、沥干。

将样品采集在容积至少为 1L 的玻璃瓶内，在采样后要尽早进行测定。如果必须贮存，则将样品贮于暗处。在有些情况下还要避免样品与空气接触，同时要避免温度的变化。

将样品倒入 250mL（或更大）量筒中，静置 15min，倾取上层液体作为试料进行测定。

4. 实验步骤

将一组具塞比色管用色度标准溶液充至标线。将另一组具塞比色管用试料充至标线。

将具塞比色管放在白色表面上，比色管与该表面应呈合适的角度，使光线被反射自具塞比色管底部向上通过液柱。

垂直向下观察液柱，找出与试料色度最接近的标准溶液。如色度≥70 度，用光学纯水将试料适当稀释后，使色度落入标准溶液范围之中再行测定。

另取试料测定 pH 值。

5. 实验结果

以色度的标准单位报告与试料最接近的标准溶液的值，在 0～40 度（不包括 40 度）的范围内，准确到 5 度。40～70 度范围内，准确到 10 度。

在报告样品色度的同时报告 pH 值。

稀释过的样品色度（A_0）用下式计算：

$$A_0=\frac{V_1}{V_0}A_1 \tag{2-1}$$

式中　A_0——稀释过的样品色度，度；

V_1——样品稀释后的体积，mL；

V_0——样品稀释前的体积，mL；

A_1——稀释样品色度的观察值，度。

6. 注意事项

(1) 可用重铬酸钾代替氯铂酸钾配制标准色列。方法：称取 0.0437g 重铬酸钾和 1.000g 硫酸钴（$CoSO_4 \cdot 7H_2O$）溶于少量水中，加入 0.50mL 硫酸，用水稀释至 500mL。此溶液的色度为 500 度。不宜久存。

(2) 如果样品中有泥土或其他分散很细的悬浮物，经预处理得不到透明水样时，只测其表色。

（二）稀释倍数法

1. 方法要点

本方法适用于生活污水和工业废水色度的测定。方法检出限和测定下限为 2 倍。

将样品用光学纯水稀释至用目视比较与光学纯水相比刚好看不见颜色时的稀释倍数作为表达颜色的强度，单位为倍。

检测人员必须视力正常，具备能准确分辨色彩的能力，不能有色觉障碍。检测人员应熟练掌握色度测定基本知识和测定步骤，能够正确地识别和描述样品。

实验房间墙体的颜色应为白色，检测人员应穿着白色实验服。

2. 仪器、设备和试剂

（1）具塞比色管：50mL、100mL，内径一致，无色透明、底部均匀无阴影。

（2）光源。在光线充足的条件下可使用自然光，否则应在光源下进行测定。光源为荧光灯或LED灯，两种光源发出的光均要求为冷白色。两根灯管并排放置，灯管下无任何遮挡，每根灯管长至少1.2m。光源悬挂于实验台面上方1.5～2.0m处，开启光源时，应关闭室内其他所有光源。荧光灯功率应≥40W或LED灯功率应≥26W。

（3）容量瓶：100mL。

（4）量筒：25mL、100mL、250mL。

（5）pH计：精度±0.1 pH单位或更高精度。

（6）采样瓶：250mL具塞磨口棕色玻璃瓶。

（7）一般实验室常用仪器和设备。

（8）光学纯水。

3. 样品采集、保存与制备

按照《污水监测技术规范》（HJ 91.1—2019）的相关规定采集样品。样品采集后应在4℃以下冷藏、避光保存，24h内测定。对于可生化性差的样品，如染料和颜料废水等样品可冷藏保存15d。

将样品倒入250mL量筒中，静置15min，倾取上层非沉降部分作为试样进行测定。

4. 实验步骤

1）颜色描述

取上述试样倒入50mL具塞比色管中，至50mL标线，将具塞比色管垂直放置在白色表面上，垂直向下观察液柱。用文字描述样品的颜色特征，包括颜色（红、橙、黄、绿、蓝、紫、白、灰、黑）、深浅（无色、浅色、深色）、透明度（透明、浑浊、不透明）。

2）pH值的测定

采用电极法对水样进行pH值的测定。

3）初级稀释

准确移取10.0mL试样于100mL比色管或100mL容量瓶中，用水稀释至100mL刻度，混匀后按目视比色方法观察，如果还有颜色，则继续取稀释后的试料10.0mL，再稀释10倍，依次类推，直到刚好与光学纯水无法区别为止，记录稀释次数n。

4）自然倍数稀释

用量筒取第$n-1$次初级稀释的试样，按照表2-1的稀释方法由小到大逐级按自然倍数进行稀释，每稀释1次，混匀后按目视比色方法观察，直到刚好与光学水无法区别时停止稀释，记录稀释倍数D_1。

表2-1 稀释方法及结果表示

稀释倍数(D_1)	稀释方法	结果表示
2倍	取25mL试样加水25mL,混匀备用	$2\times10^{n-1}$倍($n=1,2\cdots$)
3倍	取20mL试样加水40mL,混匀备用	$3\times10^{n-1}$倍($n=1,2\cdots$)

续表

稀释倍数(D_1)	稀释方法	结果表示
4 倍	取 20mL 试样加水 60mL,混匀备用	$4\times10^{n-1}$ 倍($n=1,2\cdots$)
5 倍	取 10mL 试样加水 40mL,混匀备用	$5\times10^{n-1}$ 倍($n=1,2\cdots$)
6 倍	取 10mL 试样加水 50mL,混匀备用	$6\times10^{n-1}$ 倍($n=1,2\cdots$)
7 倍	取 10mL 试样加水 60mL,混匀备用	$7\times10^{n-1}$ 倍($n=1,2\cdots$)
8 倍	取 10mL 试样加水 70mL,混匀备用	$8\times10^{n-1}$ 倍($n=1,2\cdots$)
9 倍	取 10mL 试样加水 80mL,混匀备用	$9\times10^{n-1}$ 倍($n=1,2\cdots$)

5）目视比色

将稀释后的试样和光学纯水分别倒入 50mL 具塞比色管至 50mL 标线，将具塞比色管垂直放置在白色表面上，垂直向下观察液柱，比较试样和水的颜色。

5. 实验结果

样品的稀释倍数 D，按式下进行计算：

$$D=D_1\times10^{n-1} \tag{2-2}$$

式中 D——样品稀释倍数；

n——初级稀释次数；

D_1——稀释倍数。

结果以稀释倍数值表示。在报告样品色度的同时，报告颜色特征和 pH 值。

三、实验报告

（1）包含实验目的和意义、原始实验数据记录表、实验数据的处理、实验结果的分析与讨论、实验结论。

（2）实验报告要工整。

四、思考题

（1）天然水色度的来源有哪些？

（2）色度测定还有哪些方法？

实验 3 水质 浊度的测定

一、实验目的

（1）掌握测定浊度的原理和操作。

（2）学会浊度标准溶液的配制。

二、实验方法

（一）分光光度法

1. 方法要点

本方法适用于饮用水、天然水及高浊度水。最低检测浊度为3度。水中应无碎屑和易沉颗粒，如所用器皿不清洁或水中有溶解的气泡和有色物质时干扰测定。

在适当温度下，硫酸肼与六亚甲基四胺聚合，形成白色高分子配合物，以此作为浊度标准液，在一定条件下与水样浊度相比较。

2. 仪器和试剂

1）仪器

（1）一般实验室仪器。

（2）150mL具塞比色管。

（3）分光光度计。

2）试剂

除非另有说明，分析时均使用符合国家标准或专业标准分析纯试剂，去离子水或同等纯度的水。

（1）无浊度水：将蒸馏水通过0.2μm滤膜过滤，收集于用滤过水荡洗两次的烧瓶中。

（2）浊度标准贮备液。

① 1g/100mL硫酸肼溶液。称取1.000g硫酸肼［$(N_2H_4)H_2SO_4$］溶于水，定容至100mL。

注：硫酸肼有毒、致癌！

② 10g/100mL六亚甲基四胺溶液：称取10.00g六亚甲基四胺［$(CH_2)_6N_4$］溶于水，定容至100mL。

③ 浊度标准贮备液：吸取5.00mL硫酸肼溶液与5.00mL六亚甲基四胺溶液于100mL容量瓶中，混匀。于（25±3)℃下静置反应24h，冷后用水稀释至标线，混匀。此溶液浊度为400度，可保存一个月。

3. 样品采集与保存

样品应收集到具塞玻璃瓶中，取样后尽快测定。如需保存，可保存在冷暗处不超过24h。测试前须激烈振摇并恢复到室温。

所有与样品接触的玻璃器皿必须清洁，可用盐酸或表面活性剂清洗。

4. 实验步骤

1）标准曲线的绘制

吸取浊度标准贮备液0，0.50，1.25，2.50，5.00，10.00及12.50mL，置于50mL的比色管中，加水至标线。摇匀后，即得浊度为0，0.4，10，20，40，80及100度的标准系列。于680nm波长下，用30mm比色皿测定吸光度，绘制校准曲线。

注：在680nm波长下测定，天然水中存在淡黄色、淡绿色无干扰。

2）测定

吸取50.0mL摇匀水样（无气泡，如浊度超过100度可酌情少取），用无浊度水稀释至

50.0mL，于 50mL 比色管中，按绘制校准曲线步骤测定吸光度，由校准曲线上查得水样浊度。

5. 实验结果

$$浊度(度)=\frac{A(B+C)}{C} \tag{2-3}$$

式中　A——稀释后水样的浊度，度；

B——稀释水体积，mL；

C——原水样体积，mL。

不同浊度范围测试结果的精度要求如下：

浊度范围/度	精度/度
1～10	1
10～100	5
100～400	10
400～1000	50
>1000	100

(二) 目视比浊法

1. 方法要点

本方法适用于饮用水和水源水等低浊度的水，最低检测浊度为 1 度。水中应无碎屑和易沉颗粒，如所用器皿不清洁，或水中有溶解的气泡和有色物质时干扰测定。

将水样与用硅藻土配制的浊度标准液进行比较，规定相当于 1mg 一定粒度的硅藻土在 1000mL 水中所产生的浊度为 1 度。

2. 仪器和试剂

1）仪器

(1) 一般实验室仪器。

(2) 100mL 具塞比色管。

(3) 250mL 无色具塞玻璃瓶，玻璃质量及直径均需一致。

2）试剂

除非另有说明，分析时均使用符合国家标准或专业标准分析纯试剂，去离子水或同等纯度的水。

(1) 浊度标准贮备液。称取 10g 通过 0.1mm 筛孔的硅藻土于研钵中，加入少许水调成糊状并研细，移至 1000mL 量筒中，加水至标线。充分搅匀后，静置 24h。用虹吸法仔细将上层 800mL 悬浮液移至第 2 个 1000mL 量筒中，向其中加水至 1000mL，充分搅拌，静置 24h。吸出上层含较细颗粒的 800mL 悬浮液弃去，下部溶液加水稀释至 1000mL。充分搅拌后，贮于具塞玻璃瓶中，其中含硅藻土颗粒直径大约为 400μm。

取 50.0mL 上述悬浊液置于恒重的蒸发皿中，在水浴上蒸干，于 105℃烘箱中烘 2h，置于干燥器中冷却 30min，称重。重复以上操作，即烘 1h，冷却，称重，直至恒重。求出 1mL 悬浊液含硅藻土的质量（mg）。

(2) 浊度 250 度的标准液。吸取含 250mg 硅藻土的悬浊液，置于 1000mL 容量瓶中，加水至标线，摇匀。此溶液浊度为250度。

(3) 浊度100度的标准液。吸取100mL浊度为250度的标准液于250mL容量瓶中，用水稀释至标线，摇匀。此溶液浊度为100度。于各标准液中分别加入氯化汞以防菌类生长。

注：氯化汞剧毒！

3. 实验步骤

1) 浊度低于10度的水样

(1) 吸取浊度为100度的标准液0，1.0，2.0，3.0，4.0，5.0，6.0，7.0，8.0，9.0及10.0mL于100mL比色管中，加水稀释至标线，混匀，配制成浊度为0，1.0，2.0，3.0，4.0，5.0，6.0，7.0，8.0，9.0和10.0度的标准液。

(2) 取100mL摇匀水样于100mL比色管中，与上述标液进行比较。可在黑色底板上由上向下垂直观察，选出与水样产生相近视觉效果的标液，记下其浊度值。

2) 浊度为10～100度的水样

(1) 吸取浊度为250度的标准液0，10，20，30，40，50，60，70，80，90及100mL置于250mL容量瓶中，加水稀释至标线，混匀，即得浊度为0，10，20，30，40，50，60，70，80，90和100度的标准液。将其移入成套的250mL具塞玻璃瓶中，每瓶加入1g氯化汞，以防菌类生长。

(2) 取250mL摇匀水样置于成套的250mL具塞玻璃瓶中，瓶后放一有黑线的白纸板作为判别标志。从瓶前向后观察，根据目标的清晰程度选出与水样产生相近视觉效果的标准液，记下其浊度值。

3) 浊度超过100度的水样

用无浊度水稀释后测定。

4. 实验结果

水样浊度可直接读数。

三、实验报告

(1) 包含实验目的和意义、原始实验数据记录表、实验数据的处理、实验结果的分析与讨论、实验结论。

(2) 实验报告要工整。

四、思考题

(1) 引起天然水浑浊的物质有哪些？

(2) 浊度测定还有哪些方法？

实验4 水质 悬浮物的测定——重量法

一、实验目的

(1) 了解不可滤残渣（悬浮物）的基本概念。

（2）掌握不可滤残渣（悬浮物）测定的基本方法。

二、方法要点

本方法适用于地面水、地下水，也适用于生活污水和工业废水中悬浮物测定。

水质中的悬浮物是指水样通过孔径为0.45μm的滤膜，截留在滤膜上并于103～105℃烘干至恒重的固体物质。

三、仪器和试剂

1. 仪器

（1）常用实验室仪器。

（2）全玻璃微孔滤膜过滤器。

（3）CN-CA滤膜：孔径0.45μm，直径60mm。

（4）吸滤瓶、真空泵。

（5）无齿扁嘴镊子。

2. 试剂

蒸馏水或同等纯度的水。

四、样品采集与保存

所用聚乙烯瓶或硬质玻璃瓶要用洗涤剂洗净，再依次用自来水和蒸馏水冲洗干净。在采样之前，再用即将采集的水样润洗三次。采集具有代表性的水样500～1000mL，盖严瓶塞。

注：漂浮或浸没的不均匀固体物质不属于悬浮物质，应从水样中除去。

采集的水样应尽快分析测定。如需放置，应贮存在4℃冷藏箱中，但最长不得超过7天。

注：不能加入任何保护剂，以防破坏物质在固、液间的分配平衡。

五、实验步骤

1. 滤膜准备

用无齿扁嘴镊子夹取微孔滤膜放于事先恒重的称量瓶里，移入烘箱中于103～105℃烘干半小时后取出置于干燥器内冷却至室温，称其质量。反复烘干、冷却、称量，直至两次称量的质量差≤0.2mg。将恒重的微孔滤膜正确地放在滤膜过滤器的滤膜托盘上，加盖配套的漏斗，并用夹子固定好。以蒸馏水润湿滤膜，并不断吸滤。

2. 测定

量取充分混合均匀的试样100mL抽吸过滤，使水分全部通过滤膜，再以每次10mL蒸馏水连续洗涤三次，继续吸滤以除去痕量水分。停止吸滤后，仔细取出载有悬浮物的滤膜放在原恒重的称量瓶里，移入烘箱中于103～105℃下烘干1h后移入干燥器中，冷却到室温，称其质量。反复烘干、冷却、称量，直至两次称量的质量差≤0.4mg为止。

注：滤膜上截留过多的悬浮物可能夹带过多的水分，除延长干燥时间外，还可能造成过滤困难，遇此情况，可酌情少取试样。滤膜上悬浮物过少，则会增大称量误差，影响测定精度，必要时，可增大试样体

积。一般以5～100mg悬浮物量作为量取试样体积的范围。

六、实验结果

悬浮物质量浓度ρ按下式计算：

$$\rho=\frac{(A-B)\times10^{6}}{V} \tag{2-4}$$

式中 ρ——水中悬浮物质量浓度，mg/L；

A——悬浮物＋滤膜＋称量瓶质量，g；

B——滤膜＋称量瓶质量，g；

V——试样体积，mL。

七、实验报告

（1）包含实验目的和意义、原始实验数据记录表、实验数据的处理、实验结果的分析与讨论、实验结论。

（2）实验报告要工整。

八、思考题

（1）水样中可滤残渣如何测定？

（2）测定水样中不可滤残渣（悬浮物）依据的国标是什么？

实验5　水质　电导率的测定

一、实验目的

（1）了解水质电导率的含义。

（2）掌握水质电导率测定的原理及方法。

二、方法要点

本方法适用于锅炉用水、冷却水、除盐水的电导率［0.055～10^6μS/cm（25℃）］的测定，也适用于天然水及生活用水的电导率的测定。

溶解于水的酸、碱、盐电解质，在溶液中解离成正、负离子，使电解质溶液具有导电能力，其导电能力的大小用电导率表示。

三、仪器、设备和试剂

1. 仪器、设备

（1）电导率仪：根据待测水样的电导率测定范围，选择合适的电导率仪。测量电导率＜0.1μS/cm的水样时，仪器分辨率为0.005μS/cm。

(2) 电导电极（简称电极）：根据待测水样的电导率测定范围，选择合适的电导电极。测量电导率<3μS/cm 的水样时，应采用金属电极或其他电导池常数≤0.01cm^{-1} 的电极，并配备密封流动池。

(3) 温度计或温度探头：测量电导率>10μS/cm 的水样时，测定精度为±0.5℃；测量电导率≤10μS/cm 的水样时，测定精度为±0.2℃。

2. 试剂

除非另有规定，应使用优级纯试剂和符合 GB/T 6682—2008 二级水规定的水。

(1) 氯化钾。

(2) 氯化钾标准溶液Ⅰ：c(KCl)=0.1mol/L。称取预先在 105～110℃干燥 2h 的氯化钾 7.455g，用水溶解后移入 1000mL 容量瓶中，在（20±2)℃下稀释至刻度，混匀。放入聚乙烯瓶或硬质玻璃瓶中，密封保存。也可使用市售标准溶液。

(3) 氯化钾标准溶液Ⅱ：c(KCl)=0.01mol/L。称取在 105～110℃干燥 2h 的氯化钾 0.7455g，用水溶解后移入 1000mL 容量瓶中，在（20±2)℃下稀释至刻度，混匀。放入聚乙烯瓶或硬质玻璃瓶中，密封保存。也可使用市售标准溶液。

(4) 氯化钾标准溶液Ⅲ：c(KCl)=0.001mol/L。在（20±2)℃用移液管量取 100mL 氯化钾标准溶液（0.01mol/L）至 1000mL 容量瓶中，用二级水稀释至刻度，混匀。

(5) 氯化钾标准溶液Ⅳ：c(KCl)=1×10^{-4}mol/L。在（20±2)℃用移液管量取 10mL 氯化钾标准溶液（0.01mol/L）至 1000mL 容量瓶中，用二级水稀释至刻度，混匀。

四、实验步骤

(1) 根据待测水样的电导率范围选用合适的电极，并选用合适的标准溶液，其相应的电导率值参考表 2-2 进行校正，电导率仪和电极的校正、操作、读数应按其使用说明书的要求进行。

表 2-2　氯化钾标准溶液的电导率

氯化钾标准溶液浓度/(mol/L)	温度/℃	电导率/(μS/cm)
1	0	65176
	18	97838
	25	111342
0.1	0	7138
	18	11167
	25	12856
0.01	0	773.6
	18	1220.5
	25	1408.8
0.001	25	146.93
1×10^{-4}	25	14.89
1×10^{-5}	25	1.498 5

注：1. 此表中的电导率已将氯化钾标准溶液配制时所用水的电导率扣除。

2. 如使用市售氯化钾标准溶液，则使用其相应的电导率值。

（2）测量前应将电极用水充分洗净，测量电导率小于 3μS/cm 的水样时，应用一级水冲洗干净。

（3）取 50～100mL 水样，放入塑料杯或硬质玻璃杯中，将电极和温度计用被测水样冲洗两至三次后，浸入水样中进行电导率的测定，重复取样测定两至三次。同时记录水样温度。

（4）测量电导率小于 3μS/cm 的水样时，应将测量电极插入密封流动池中，并用合适的软管连接取样管与流动池，在流动状态下测量。调整流速，排除气泡，以防产生湍流，测量至读数稳定。

（5）电导率仪若带有温度自动补偿，应按仪器的使用说明根据所测水样温度将温度补偿调至相应数值；电导率仪若无温度自动补偿，测定数值应按式（2-5）换算为 25℃ 的电导率值。

五、实验结果

（1）一般水样换算成 25℃时的电导率以 κ（μS/cm）计，按下式计算：

$$\kappa=\frac{\kappa_t}{1+\beta(t-25)} \tag{2-5}$$

式中 κ_t——水温 t 时测得的电导率的数值，μS/cm；

β——温度校正系数，通常情况下 β 近似等于 0.02；

t——测定时水样温度，℃。

（2）纯水水样换算成 25℃时的电导率以 κ_{25}（mS/m）计，按下式计算：

$$\kappa_{25}=k_t(\kappa_t-\kappa_{p\cdot t})+0.00548 \tag{2-6}$$

式中 k_t——换算系数；

κ_t——t 时各级水的电导率，mS/m；

$\kappa_{p\cdot t}$——t 时理论纯水的电导率，mS/m；

0.00548——25℃时理论纯水的电导率，mS/m。

理论纯水的电导率（$\kappa_{p\cdot t}$）和换算系数（k_t）见表 2-3。

表 2-3 理论纯水的电导率和换算系数

t/℃	k_t/(mS/m)	$\kappa_{p\cdot t}$/(mS/m)	t/℃	k_t/(mS/m)	$\kappa_{p\cdot t}$/(mS/m)
0	1.7975	0.00116	9	1.4470	0.00216
1	1.7550	0.00123	10	1.4125	0.00230
2	1.7135	0.00132	11	1.3788	0.00245
3	1.6728	0.00143	12	1.3461	0.00260
4	1.6329	0.00154	13	1.3142	0.00276
5	1.5940	0.00165	14	1.2831	0.00292
6	1.5559	0.00178	15	1.2530	0.00312
7	1.5188	0.00190	16	1.2237	0.00330
8	1.4825	0.00201	17	1.1954	0.00349

续表

t/℃	k_t/(mS/m)	$\kappa_{p,t}$/(mS/m)	t/℃	k_t/(mS/m)	$\kappa_{p,t}$/(mS/m)
18	1.1679	0.00370	35	0.8350	0.00907
19	1.1412	0.00391	36	0.8233	0.00950
20	1.1155	0.00418	37	0.8126	0.00994
21	1.0906	0.00441	38	0.8027	0.01044
22	1.0667	0.00466	39	0.7936	0.01088
23	1.0436	0.00490	40	0.7855	0.01136
24	1.0213	0.00519	41	0.7782	0.01189
25	1.0000	0.00548	42	0.7719	0.01240
26	0.9795	0.00578	43	0.7664	0.01298
27	0.9600	0.00607	44	0.7617	0.01351
28	0.9413	0.00640	45	0.7580	0.01410
29	0.9234	0.00674	46	0.7551	0.01464
30	0.9065	0.00712	47	0.7532	0.01521
31	0.8904	0.00749	48	0.7521	0.01582
32	0.8753	0.00784	49	0.7518	0.01650
33	0.8610	0.00822	50	0.7525	0.01728
34	0.8475	0.00861			

六、实验报告

（1）包含实验目的和意义、原始实验数据记录表、实验数据的处理、实验结果的分析与讨论、实验结论。

（2）实验报告要工整。

七、思考题

水的电导率用什么表示？比较不同水质电导率的大小。

实验 6　水中溶解氧的测定

一、实验目的

（1）掌握碘量法和电化学探头法测定水中溶解氧（DO）的原理和方法。

（2）巩固滴定分析操作过程。

二、实验方法

（一）碘量法

1. 方法要点

本方法是测定水中溶解氧的基准方法。在没有干扰的情况下，此方法适用于各种溶解氧浓度大于0.2mg/L和小于氧的饱和浓度两倍（约20mg/L）的水样。易氧化的有机物，如丹宁酸、腐殖酸和木质素等会对测定产生干扰。可氧化的硫的化合物，如硫化物硫脲，也如同易于消耗氧的呼吸系统那样产生干扰。当含有这类物质时，宜采用电化学探头法。

亚硝酸盐浓度不高于15mg/L时就不会产生干扰，因为它们会被加入的叠氮化钠破坏掉。

如存在氧化物质或还原物质，存在能固定或消耗碘的悬浮物，须改进测定方法，见“特殊情况”部分。

在样品中溶解氧与刚刚沉淀的二价氢氧化锰（将氢氧化钠或氢氧化钾加入到二价硫酸锰中制得）反应。酸化后，生成的高价锰化合物将碘化物氧化游离出等当量的碘，用硫代硫酸钠滴定法，测定游离碘量。

2. 仪器、设备和试剂

1）仪器、设备

（1）常用实验室设备。

（2）细口玻璃瓶：容量在250～300mL之间，校准至1mL，具塞温克勒瓶或任何其他适合的细口瓶，瓶肩最好是直的。每一个瓶和盖要有相同的号码。用称量法来测定每个细口瓶的体积。

2）试剂

分析中仅使用分析纯试剂和蒸馏水或纯度与之相当的水。

（1）硫酸溶液（1∶1）：在不停搅动下小心地把500mL浓硫酸（ρ=1.84g/mL）加入500mL水中。

（2）硫酸溶液：$c(1/2H_2SO_4)$=2mol/L。

（3）碱性碘化物——叠氮化物试剂。将35g氢氧化钠（NaOH）[或50g氢氧化钾（KOH）]和30g碘化钾（KI）[或27g碘化钠（NaI）]溶解于约50mL水中。单独将1g的叠氮化钠（NaN_3）溶于几毫升水中。将上述两种溶液混合并稀释至100mL。溶液贮存在塞紧的细口棕色瓶子里。经稀释和酸化后，在有淀粉指示剂存在情况下，本试剂应无色。

注：①当试样中亚硝酸氮含量大于0.05mg/L而亚铁含量不超过1mg/L时，为防止亚硝酸氮对测定结果的干涉，须在试样中加叠氮化物（叠氮化钠是剧毒试剂）。若已知试样中的亚硝酸盐低于0.05mg/L，则可省去此试剂。②操作过程中严防中毒。③不要使碱性碘化物——叠氮化物试剂酸化，因为可能产生有毒的叠氮酸雾。

（4）无水二价硫酸锰溶液（340g/L）或一水硫酸锰溶液（380g/L），可用450g/L四水二价氯化锰溶液代替。过滤不澄清的溶液。

（5）碘酸钾标准溶液：$c(1/6KIO_3)$=10mmol/L。在180℃下干燥数克碘酸钾

(KIO_3)，称量 (3.567±0.003)g 溶解在水中并稀释到 1000mL。吸取上述溶液 100mL 移入 1000mL 容量瓶中，用水稀释至标线。

(6) 硫代硫酸钠标准滴定液：$c(Na_2S_2O_3)$≈10mmol/L。

① 配制。将 2.5g 五水硫代硫酸钠溶解于新煮沸并冷却的水中，再加 0.4g 氢氧化钠 (NaOH)，并稀释至 1000mL。溶液贮存于深色玻璃瓶中。

② 标定。在锥形瓶中用 100～150mL 的水溶解约 0.5g 碘化钾 (KI) 或碘化钠 (NaI)，加入 5mL2mol/L 的硫酸溶液，混合均匀，加 20.00mL 标准碘酸钾溶液 (10mmol/L)，稀释至约 200mL，立即用硫代硫酸钠溶液滴定释放出的碘，当接近滴定终点时，溶液呈浅黄色，加酚酞指示剂，再滴定至完全无色。每日标定一次溶液。

硫代硫酸钠浓度 c (mmol/L) 由下式求出：

$$c=\frac{6\times20\times1.66}{V} \tag{2-7}$$

式中 V——硫代硫酸钠溶液滴定量，mL。

(7) 淀粉：新配制 10g/L 的溶液。

(8) 酚酞：1g 酚酞溶于 1L 乙醇溶液中。

(9) 碘溶液 (约 0.005mol/L)：溶解 4～5g 的碘化钾或碘化钠于少量水中，加约 130mg 的碘，待碘溶解后稀释至 100mL。

(10) 碘化钾或碘化钠。

3. 实验步骤

(1) 当存在能固定或消耗碘的悬浮物，或者怀疑有这类物质存在时，按“特殊情况”的方法测定或最好采用电化学探头法测定溶解氧。

(2) 检验氧化或还原物质是否存在。如果预计氧化或还原剂可能干扰结果时，取 50mL 待测水，加 2 滴酚酞溶液后，中和水样。加 0.5mL 硫酸溶液 (2mol/L)、几粒碘化钾或碘化钠 (质量约 0.5g) 和几滴淀粉指示剂溶液。如果溶液呈蓝色，则有氧化物质存在；如果溶液保持无色，加 0.2mL 碘溶液 (约 0.005mol/L)，振荡，放置 30s。如果没有呈蓝色，则存在还原物质。

有氧化物质或还原物质存在时，按照“特殊情况”中的规定处理。没有氧化或还原物时，按照以下规定处理。

(3) 样品的采集。除非还要作其他处理，否则样品一般应采集在细口瓶中。测定在瓶内进行。试样充满全部细口瓶。

注：在有氧化或还原物的情况下，须取两个试样。

① 取地表水样。充满细口瓶至溢流，小心避免溶解氧浓度的改变。对浅水用电化学探头法更好些。在消除附着在玻璃瓶上的气泡之后，立即固定溶解氧。

② 从配水系统管路中取水样。将一惰性材料管的入口与管道连接，将管子出口插入细口瓶的底部。用溢流冲洗的方式充入大约 10 倍细口瓶体积的水，最后注满瓶子，在消除附着在玻璃瓶上的空气泡之后，立即固定溶解氧。

③ 不同深度取水样。用一种特别的取样器，内盛细口瓶，瓶上装有橡胶入口管并插入到细口瓶的底部。当水样充满细口瓶时将瓶中空气排出，避免溢流。某些类型的取样器可以同时充满几个细口瓶。

（4）溶解氧的固定。取样之后，最好在现场立即向盛有样品的细口瓶中加 1mL 二价硫酸锰溶液和 2mL 碱性碘化物——叠氮化物试剂。使用细尖头的移液管，将试剂加到液面以下，小心盖上塞子，避免把空气泡带入。若用其他装置，必须小心保证样品氧含量不变。将细口瓶上下颠倒转动几次，使瓶内的成分充分混合，静置沉淀最少 5min，然后再重新颠倒混合，保证混合均匀。这时可以将细口瓶运送至实验室。若避光保存，样品最长贮存 24h。

（5）游离碘。确保所形成的沉淀物已沉降在细口瓶下 1/3 部分。慢速加入 1.5mL 硫酸溶液（1∶1）或相应体积的磷酸溶液（$\rho=1.70$g/mL），盖上细口瓶盖，然后摇动瓶子，要求瓶中沉淀物完全溶解，并且碘已均匀分布。

注：若直接在细口瓶内进行滴定，小心地虹吸出上部分相当于所加酸溶液容积的澄清液，不扰动底部沉淀物。

（6）滴定。将细口瓶内的组分或其部分体积（V_1）转移到锥形瓶内。用硫代硫酸钠标准滴定液滴定，在接近滴定终点时，加淀粉溶液或者加其他合适的指示剂。

4. 实验结果

溶解氧质量浓度 ρ_1（mg/L）由下式求出：

$$\rho_1=\frac{M_r V_2 c V_0}{4V_1(V_0-V')} \tag{2-8}$$

式中 M_r——氧气的摩尔质量，32g/mol；

V_1——滴定时样品的体积，mL（一般取 $V_1=100$mL，若滴定细口瓶内试样，则 $V_1=V_0$）；

V_0——细口瓶的体积，mL；

V_2——滴定样品时所耗去硫代硫酸钠溶液的体积，mL；

c——硫代硫酸钠溶液的实际物质的量浓度，mol/L；

V'——二价硫酸锰溶液（1mL）和碱性碘化物——叠氮化物试剂（2mL）体积的总和。

5. 特殊情况

1）存在氧化性物质

（1）原理：通过滴定第二个实验样品来测定除溶解氧以外的氧化性物质的含量，以修正实验结果。

（2）步骤：①除非还要作其他处理，否则样品一般应采集在细口瓶中。测定就在瓶内进行。试样充满全部细口瓶。须取两个试样。②按照实验步骤中（4）（5）（6）测定第一个试样中的溶解氧。③将第二个试样定量转移至大小适宜的锥形瓶内，加 1.5mL 硫酸溶液（1∶1）或相应体积的磷酸溶液（$\rho=1.70$g/mL），然后再加 2mL 碱性碘化物——叠氮化物试剂和 1mL 二价硫酸锰溶液，放置 5min。用硫代硫酸钠标准滴定液滴定，在滴定快到终点时，加淀粉溶液或其他合适的指示剂。

（3）结果的表示：溶解氧质量浓度 ρ_2（mg/L）由下式给出。

$$\rho_2=\frac{M_r V_2 c V_0}{4V_1(V_0-V')}-\frac{M_r V_4 c}{4V_3} \tag{2-9}$$

式中　M_r，V_1，V_2，c，V_0，V'——与式（2-8）中的含义相同；

V_3——盛第二个试样的细口瓶体积，mL；

V_4——滴定第二个试样用的硫代硫酸钠溶液的体积，mL。

2）存在还原性物质

（1）原理：加入过量次氯酸钠溶液，氧化第一和第二个试样中的还原性物质。测定一个试样中的溶解氧含量。测定另一个试样中过剩的次氯酸钠量。

（2）试剂：①在仪器、设备和试剂中规定的试剂；②次氯酸钠溶液（约含游离氯 4g/L，稀释市售浓次氯酸钠溶液制备，用碘量法测定溶液的浓度）。

（3）步骤：①除非还要作其他处理，否则样品一般应采集在细口瓶中。测定就在瓶内进行，试样充满全部细口瓶。须取两个试样。②向这两个试样中各加入 1.00mL（若需要可加入更多的准确体积）的次氯酸钠溶液，盖好细口瓶盖，混合均匀。

一个试样按实验步骤中（4）（5）（6）进行处理，将第二个试样定量转移至大小适宜的锥形瓶内，加 1.5mL 硫酸溶液（1∶1）或相应体积的磷酸溶液（ρ=1.70g/mL），然后再加 2mL 碱性碘化物——叠氮化物试剂和 1mL 二价硫酸锰溶液，放置 5min。用硫代硫酸钠标准滴定液滴定，在滴定快到终点时，加淀粉溶液或其他合适的指示剂。

（4）结果的表示：溶解氧的质量浓度 ρ_3（mg/L）由下式给出。

$$\rho_3=\frac{M_r V_2 c V_0}{4V_1(V_0-V_5-V')}-\frac{M_r V_4 c}{4(V_3-V_5)} \tag{2-10}$$

式中　M_r，V_1，V_2，c，V'——与式（2-8）中的含义相同；

V_3，V_4——与式（2-9）中的含义相同；

V_5——加入到试样中次氯酸钠溶液的体积，mL（通常 V_5 = 1.00mL）；

V_0——盛第一个试验样品的细口瓶的体积，mL。

3）含有固定或消耗碘的悬浮物

（1）原理：用明矾将悬浮物絮凝，然后分离并排除这种干扰。

（2）试剂：①在仪器、设备和试剂中规定的试剂；②10%（质量分数）的十二水硫酸钾铝 [$AlK(SO_4)_2 \cdot 12H_2O$] 溶液；③氨溶液（c=13mol/L，ρ=0.91g/mL）。

（3）步骤：将待测水充入容积约 1000mL 的具塞玻璃细口瓶中，直至溢出，操作时需遵照实验步骤（3）中样品采集部分的有关注意事项。用移液管在液面下加 20mL 硫酸钾铝溶液和 4mL 氨溶液，盖上细口瓶盖，将瓶子颠倒摇动几次使之充分混合。待沉淀物沉降，将顶部清液虹吸至两个细口瓶内。按实验步骤（2）检验氧化或还原物质的存在，再按实验步骤（4）（5）（6）或特殊情况中 1）或 2）的相应步骤进行测定。

（4）结果的表示：含有固定或消耗碘的悬浮物时，溶解氧含量的校正因子 F 按下式计算。

$$F=\frac{V_6}{V_6-V''} \tag{2-11}$$

式中　V_6——用来采样的细口瓶体积，mL；

V''——硫酸钾铝溶液（20mL）和氨溶液（4mL）的总体积。

（二）电化学探头法

1. 方法要点

本方法适用于地表水、地下水、生活污水、工业废水和盐水中溶解氧的测定。本方法可测定水中饱和百分率为0%～100%的溶解氧，还可测量高于100%（20mg/L）的过饱和溶解氧。

溶解氧电化学探头是一个用选择性薄膜封闭的小室，室内有两个金属电极并充有电解质。氧和一定数量的其他气体及亲液物质可透过这层薄膜，但水和可溶性物质的离子几乎不能透过这层膜。将探头浸入水中进行溶解氧的测定时，由于电池作用或外加电压在两个电极间产生电位差，金属离子在阳极进入溶液，同时氧气通过薄膜扩散到阴极获得电子被还原，产生的电流与穿过薄膜和电解质层的氧的传递速度成正比，即在一定的温度下该电流与水中氧的分压（或浓度）成正比。

薄膜对气体的渗透性受温度变化的影响较大，要采用数学方法对温度进行校正，也可在电路中安装热敏元件对温度变化进行自动补偿。

若仪器在电路中未安装压力传感器不能对压力进行补偿时，仪器仅显示与气压有关的表观读数，当测定样品的气压与校准仪器时的气压不同时，应进行校正。

若测定海水、港湾水等含盐量高的水，应根据含盐量对测量值进行修正。

2. 仪器、设备和试剂

1）仪器、设备

除非另有说明，分析时均使用符合国家A级标准的玻璃量器。

（1）溶解氧测量仪。①测量探头：原电池型（例如铅/银）或极谱型（例如银/金），探头上宜附有温度补偿装置。②仪表：直接显示溶解氧的质量浓度或饱和百分率。

（2）磁力搅拌器。

（3）电导率仪：测量范围为2～100mS/cm。

（4）温度计：最小分度为0.5℃。

（5）气压表：最小分度为10Pa。

（6）溶解氧瓶。

（7）实验室常用玻璃仪器。

2）试剂

除非另有说明，均使用符合国家标准的分析纯化学试剂，实验用水为新制备的去离子水或蒸馏水。

（1）无水亚硫酸钠（Na_2SO_3）或七水合亚硫酸钠（$Na_2SO_3 \cdot 7H_2O$）。

（2）二价钴盐，例如六水合氯化钴(Ⅱ)（$CoCl_2 \cdot 6H_2O$）。

（3）零点检查溶液：称取0.25g亚硫酸钠和约0.25mg钴(Ⅱ)盐，溶解于250mL蒸馏水中。临用时现配。

（4）氮气：99.9%。

3. 实验步骤

1）校准

（1）零点检查和调整。当测量的溶解氧浓度低于1mg/L（或10%饱和度）时，或者当更换溶解氧膜罩或内部的填充电解液时，须进行零点检查和调整。若仪器具有零点补偿功能，则不必调整零点。零点调整：将探头浸入零点检查溶液中，待反应稳定后读数，调整仪器到零点。

（2）接近饱和值的校准。在一定的温度下，向蒸馏水中曝气，使水中氧的含量达到饱和或接近饱和。在这个温度下保持15min，采用GB 7489—87规定的方法测定溶解氧的质量浓度。将探头浸没在瓶内，瓶中完全充满按上述步骤制备并测定的样品，让探头在搅拌的溶液中稳定2～3min以后，调节仪器读数至样品已知的溶解氧浓度。当仪器不能再校准或仪器响应变得不稳定或较低时，及时更换电解质或（和）膜。

2）测定

将探头浸入样品，不能有空气泡截留在膜上，停留足够的时间，待探头温度与水温达到平衡，且数字显示稳定时读数。必要时，根据所用仪器的型号及对测量结果的要求，检验水温、气压或含盐量，并对测量结果进行校正。

探头的膜接触样品时，样品要保持一定的流速，防止与膜接触的瞬间将该部位样品中的溶解氧耗尽，使读数发生波动。

对于流动样品（例如河水），应检查水样是否有足够的流速（不得小于0.3m/s），若水流速低于0.3m/s须在水样中往复移动探头或者取分散样品进行测定。

对于分散样品，容器要能密封以隔绝空气并带有磁力搅拌器。将样品充满容器至溢出，密闭后进行测量。调整搅拌速度，使读数达到平衡后保持稳定，且不得夹带空气。

4. 实验结果

溶解氧的质量浓度以每升水中氧的质量表示。

5. 注意事项

溶解氧探头（电极）要注意氧膜的保护，不要让尖硬物碰到氧膜更不要用手触摸氧膜。使用后尽量将电极放入水中保存，其水面刚没过氧膜即可，不要超过氧电极的焊点处。

（1）日常维护。仪表的日常维护主要包括定期对电极进行清洗、校验、再生。1～2周应清洗一次电极，如果膜片上有污染物，会引起测量误差。清洗时应小心，注意不要损坏膜片。将电极放入清水中清洗，如污物不能洗去，用软布或棉布小心擦洗。

（2）2～3月应重新校验一次零点和量程。

（3）电极的再生1年左右进行一次。当测量范围调整不过来，就需要对溶解氧电极再生。电极再生包括更换内部电解液、更换膜片、清洗银电极。如果观察银电极有氧化现象，可用细砂纸抛光。

（4）在使用中如发现泄漏，必须更换电解液。

三、实验报告

（1）包含实验目的和意义、原始实验数据记录表、实验数据的处理、实验结果的分析与讨论、实验结论。

（2）实验报告要工整。

四、思考题

测定溶解氧时干扰物质有哪些？如何处理？

实验7 环境空气 PM_{10} 和 $PM_{2.5}$ 的测定——重量法

一、实验目的

（1）了解 PM_{10} 和 $PM_{2.5}$ 的概念。

（2）掌握重量法测定 PM_{10} 和 $PM_{2.5}$ 的原理和方法。

二、方法要点

本方法适用于环境空气中 PM_{10} 和 $PM_{2.5}$ 质量浓度的手工测定。检出限为 0.010mg/m^3（以感量为 0.1mg 的分析天平，样品负载量为 1.0mg，采集 108m^3 空气样品计）。

分别通过具有一定切割特性的采样器，以恒速抽取定量体积空气，使环境空气中 $PM_{2.5}$ 和 PM_{10} 被截留在已知质量的滤膜上，根据采样前后滤膜的质量差和采样体积，计算出 $PM_{2.5}$ 和 PM_{10} 的质量浓度。

三、仪器、设备

（1）切割器，主要分以下两种：

① PM_{10} 切割器、采样系统：切割粒径 Da_{50} =(10±0.5)μm，捕集效率的几何标准差 σ_g =(1.5±0.1)μm，其他性能和技术指标应符合 HJ/T 93—2013 的规定。

② $PM_{2.5}$ 切割器、采样系统：切割粒径 Da_{50} =(2.5±0.2)μm，捕集效率的几何标准差 σ_g =(1.2±0.1)μm，其他性能和技术指标应符合 HJ/T 93—2013 的规定。

（2）采样器孔口流量计或其他符合本标准技术指标要求的流量计。

① 大流量流量计：量程（0.8～1.4)m^3/min，误差≤2%。

② 中流量流量计：量程（60～125)L/min，误差≤2%。

③ 小流量流量计：量程<30L/min，误差≤2%。

（3）滤膜。根据样品采集目的可选用玻璃纤维滤膜、石英滤膜等无机滤膜或聚氯乙烯、聚丙烯、混合纤维素等有机滤膜。滤膜对 0.3μm 标准粒子的截留效率不低于 99%。空白滤膜按实验步骤进行平衡处理至恒重，称量后，放入干燥器中备用。

（4）分析天平：感量 0.1mg 或 0.01mg。

（5）恒温恒湿箱（室）：箱（室）内空气温度在 15～30℃范围内可调，控温精度±1℃。箱（室）内空气相对湿度应控制在（50±5)%。恒温恒湿箱（室）可连续工作。

（6）干燥器：内盛变色硅胶。

四、样品采集与保存

（1）环境空气监测中采样环境及采样频率按 HJ 194—2017 的要求执行。采样时，采样器入口距地面高度不得低于 1.5m。采样不宜在风速大于 8m/s 等天气条件下进行。采样点应避开污染源及障碍物。如果测定交通枢纽处 PM_{10} 和 $PM_{2.5}$，采样点应布置在距人行道边缘外侧 1m 处。

（2）采用间断采样方式测定日平均浓度时，其次数不应少于 4 次，累计采样时间不应少于 18h。

（3）采样时，将已称重的滤膜用镊子放入洁净采样夹内的滤网上，滤膜毛面应朝进气方向。将滤膜牢固压紧至不漏气。如果测定任何一次浓度，每次须更换滤膜；如测日平均浓度，样品可采集在一张滤膜上。采样结束后，用镊子取出滤膜。将有尘面两次对折，放入样品盒或纸袋，并作好采样记录。

（4）采样后滤膜样品按实验步骤进行称量。

（5）滤膜采集后，如不能立即称重，应在 4℃条件下冷藏保存。

五、实验步骤

将滤膜放在恒温恒湿箱（室）中平衡 24h，平衡条件为温度在 15～30℃之间，相对湿度控制在 45%～55%范围内，记录平衡温度与湿度。在上述平衡条件下，用感量为 0.1mg 或 0.01mg 的分析天平称量滤膜，记录滤膜质量。同一滤膜在恒温恒湿箱（室）中相同条件下再平衡 1h 后称重。对于 PM_{10} 和 $PM_{2.5}$ 颗粒物样品滤膜，两次质量之差分别小于 0.4mg 或 0.04mg 即满足恒重要求。

六、实验结果

$PM_{2.5}$ 和 PM_{10} 浓度按下式计算：

$$\rho=\frac{w_2-w_1}{V}\times 1000 \tag{2-12}$$

式中 ρ——PM_{10} 或 $PM_{2.5}$ 的质量浓度，mg/m^3；

w_2——采样后滤膜的质量，g；

w_1——空白滤膜的质量，g；

V——已换算成标准状态（101.325kPa，273K）下的采样体积，m^3。

计算结果保留 3 位有效数字，小数点后数字可保留到第 3 位。

七、质量保证与质量控制

（1）采样器每次使用前须进行流量校准。校准方法按 HJ 618—2011 附录 A 执行。

（2）滤膜使用前均须进行检查，不得有针孔或任何缺陷。滤膜称量时要消除静电的影响。

（3）取清洁滤膜若干张，在恒温恒湿箱（室）中按平衡条件平衡 24h，称重。每张滤膜非连续称量 10 次以上，求每张滤膜的平均值为该张滤膜的原始质量。以上述滤膜作为标准滤膜。每次称滤膜的同时，称量两张标准滤膜。若标准滤膜称出的质量在原始质量±5mg（大流量）或±0.5mg（中流量和小流量）范围内，则认为该批样品滤膜称量合格，数据可用，否则应检查称量条件是否符合要求并重新称量该批样品滤膜。

（4）要经常检查采样头是否漏气。当滤膜安放正确，采样系统无漏气时，采样后滤膜上颗粒物与四周白边之间界限应清晰，如出现界限模糊时，表明应更换滤膜密封垫。

（5）对电机有电刷的采样器，应尽可能在电机由于电刷原因停止工作前更换电刷，以免采样失败。更换时间视以往情况确定。更换电刷后要重新校准流量。新更换电刷的采样器应在负载条件下运转1h，待电刷与转子的整流子良好接触后，再进行流量校准。

（6）当PM_{10}或$PM_{2.5}$含量很低时，采样时间不能过短。对于感量为0.1mg和0.01mg的分析天平，滤膜上颗粒物负载量应分别大于1mg和0.1mg，以减少称量误差。

（7）采样前后，滤膜称量应使用同一台分析天平。

八、实验报告

（1）包含实验目的和意义、原始实验数据记录表、实验数据的处理、实验结果的分析与讨论、实验结论。

（2）实验报告要工整。

九、思考题

（1）简述PM_{10}、$PM_{2.5}$和总悬浮颗粒物（TSP）之间的关系。

（2）空气中PM_{10}和$PM_{2.5}$的测定有自动和手动两种方法，简述自动法的原理。

实验8　环境空气　总悬浮颗粒物的测定——重量法

一、实验目的

（1）了解和掌握大气中总悬浮颗粒物测定的方法和原理。

（2）熟悉重量法的操作步骤。

二、方法要点

本方法适用于用大流量或中流量总悬浮颗粒物采样器（简称采样器）进行环境空气中总悬浮颗粒物浓度的手工测定，同时适用于无组织排放监控点空气中总悬浮颗粒物浓度的手工测定。当使用大流量采样器和万分之一天平，采样体积为$1512m^3$时，方法检出限为$7\mu g/m^3$。当使用中流量采样器和十万分之一天平，采样体积为$144m^3$时，方法检出限为$7\mu g/m^3$。

通过具有一定切割特性的采样器，以恒速抽取定量体积的空气，使环境空气中粒径≤$100\mu m$的颗粒物被截留在已知质量的滤膜上。根据采样前后滤膜质量差及采样体积，计算总悬浮颗粒物的浓度。

三、仪器、设备和材料

1. 仪器、设备

（1）大流量或中流量采样器：性能和技术指标应符合《总悬浮颗粒物采样器技术要求及检测方法》（HJ/T 374—2007）的有关规定。

（2）流量校准计：用于对不同流量的采样器进行流量校准。

① 大流量流量校准计：量程 0.7～1.4m^3/min，相对误差在±2%以内。

② 中流量流量校准计：量程 70～160L/min，相对误差在±2%以内。

（3）分析天平：用于对滤膜进行称量，天平的实际分度值不超过 0.0001g。

（4）恒温恒湿设备（室）：设备（室）内空气温度要求在 15～30℃范围内连续可调，控温精度±1℃；湿度应控制在（50±5）%范围内；恒温恒湿设备（室）可连续工作。

（5）一般实验室常用仪器和设备。

2. 材料

（1）滤膜。根据样品采集目的可选用玻璃纤维滤膜、石英滤膜等无机滤膜或聚四氟乙烯、聚氯乙烯、聚丙乙烯、混合纤维等有机滤膜；200mm×250mm 的方形滤膜或直径 90mm 的圆形滤膜；在气流速度为 0.45m/s 时，单张滤膜阻力不大于 3.5kPa；对于直径为 0.3μm 的标准粒子，滤膜的捕集效率不低于 99%；在气流速度为 0.45m/s 时，抽取经高效过滤器净化的空气 5h，滤膜失重不大于 0.012mg/cm^2。

（2）滤膜袋。用于存放采样后对折的采尘滤膜。袋面印有编号、采样日期、采样地点、采样人等多项栏目。

（3）滤膜盒。用于保存、运送滤膜，保证滤膜在采样前处于平展不受折状态。

四、样品采集、运输与保存

1. 样品采集

（1）监测点位布设要求应满足 HJ 194—2017 或 GB 16297—1996 的有关规定。当多台采样器同时采样时，中流量采样器相互之间的距离为 1m 左右，大流量采样器相互之间的距离为 2～4m。

（2）采样前应现场使用流量校准器对采样器的采样流量进行检查，检查方法参考 HJ 1263—2022 的附录 A。若流量测试误差超过采样器设定流量的±2%，应对采样流量进行校准。

（3）打开采样头，取出滤膜夹，用清洁无绒干布擦去采样头内及滤膜夹的灰尘。

（4）将经过检查和称重的滤膜放入洁净采样夹内的滤网上，滤膜毛面应朝向进气方向，将滤膜牢固压紧至不漏气。安装好采样头，按照采样器使用说明，设置采样时间，启动采样。

（5）根据工作需要，可选择设置采样时长：

① 测定颗粒物日平均浓度，按 GB 3095—2012 有关规定执行。

② 应确保滤膜增重不小于分析天平实际分度值的 100 倍。当分析天平的实际分度值为 0.0001g 时，滤膜增重不小于 10mg；当分析天平的实际分度值为 0.00001g 时，滤膜增重不

小于1mg。

(6) 采样结束后，打开采样头，取出滤膜。使用大流量采样器采样时，将有尘面两次对折，放入滤膜袋/盒中；使用中流量采样器采样时，将滤膜尘面朝上，平放入滤膜盒中。

(7) 滤膜取出时，若发现滤膜损坏或滤膜采样区域的边缘轮廓不清晰，则该样品作废；若滤膜上沾有液滴或异物，则该样品作废。

2. 样品运输

滤膜采集后，应妥善保存后运送至实验室。运输中不得倒置、挤压或发生较大的震动。

3. 样品保存

滤膜采集后应及时称量。若不能及时称量，应在不高于采样时的环境温度条件下保存，最长不超过30d。若用于组分分析等，应符合相关监测方法的要求。

五、实验步骤

1. 采样前滤膜检查

滤膜称量前，应对每片滤膜进行检查。滤膜应边缘平整，表面无毛刺、无针孔、无松散杂质，且没有折痕、受到污染或任何破损。检查合格后的滤膜，方能用于采样。

2. 采样前滤膜称量

(1) 将滤膜放在恒温恒湿设备（室）中平衡至少24h后称量。平衡条件为温度取15～30℃中任何一点（一般设置为20℃），湿度控制在(50±5)%RH范围内。

(2) 记录恒温恒湿设备（室）的平衡温度与湿度。

(3) 滤膜平衡后用分析天平对滤膜进行称量，每张滤膜称量两次，两次称量间隔至少1h。当天平实际分度值为0.0001g时，两次质量之差小于1mg；当天平实际分度值为0.00001g时，两次质量之差小于0.1mg；以两次称量结果的平均值作为滤膜称量值。当两次称量之差超出以上范围时，可将相应滤膜再平衡至少24h后重新称量两次，若两次称量偏差仍超过以上范围，则该滤膜作废。记录滤膜的质量和编号等信息。

(4) 滤膜称量后，将滤膜平放至滤膜袋/盒中，不得将滤膜弯曲或折叠，待采样。

3. 采样后滤膜称量

按照样品采集中(7)的要求对每片滤膜进行复查，不合格的样品作废处理，并作好相应记录。采样后滤膜的平衡时间、温湿度环境条件与采样前滤膜的平衡条件一致，称重步骤和要求同采样前滤膜称量。

六、实验结果

环境空气中总悬浮颗粒物的浓度按照公式(2-13)进行计算：

$$\rho=\frac{W_2-W_1}{V}\times 1000 \tag{2-13}$$

式中 ρ——总悬浮颗粒物的质量浓度，$\mu g/m^3$；

W_1——采样前滤膜的质量，mg；

W_2——采样后滤膜的质量，mg；

V——根据相关质量标准或排放标准采用相应状态下的采样体积，m^3；

1000——mg 与 μg 质量单位换算系数。

计算结果保留到整数位。

七、注意事项

（1）应确保采样过程没有漏气。当滤膜安放正确，采样系统无漏气时，采样后滤膜上颗粒物与四周白边之间界限应清晰，如出现界限模糊，应及时更换滤膜密封垫。

（2）滤膜称量前应有编号，应标记在滤膜非采样区域或滤膜袋/盒上，且编号应具有唯一性和可追溯性。

（3）进行滤膜检查、称量时，应佩戴无粉末防静电手套。

（4）滤膜称量时应尽量消除静电的影响。

（5）滤膜称量时，分析天平的工作条件应与恒温恒湿设备（室）的环境条件保持一致。采样前后滤膜称量应尽量使用同一台分析天平。

八、实验报告

（1）包含实验目的和意义、原始实验数据记录表、实验数据的处理、实验结果的分析与讨论、实验结论。

（2）实验报告要工整。

九、思考题

重量法中恒重的标准是什么?

实验 9　土壤　水分的测定——重量法

一、实验目的

（1）掌握土壤分析基和干基水分的概念。

（2）熟悉重量法的操作步骤。

二、方法要点

本方法适用于测定除石膏性土壤和有机土（含有机质 20%以上的土壤）以外的各类土壤的水分含量。土壤样品在（105±2)℃烘至恒重时的失重，即土壤样品所含水分的质量。

三、仪器、设备

（1）土钻。

（2）土壤筛：孔径 1mm。

（3）铝盒：小型的直径约 40mm，高约 20mm；大型的直径约 55mm，高约 28mm。

（4）分析天平：感量为 0.001g 和 0.01g。

（5）小型电热恒温烘箱。

（6）干燥器：内盛变色硅胶或无水氯化钙。

四、样品采集与制备

1. 风干土样

选取有代表性的风干土壤样品，压碎，通过 1mm 筛，混合均匀后备用。

2. 新鲜土样

在田间用土钻取有代表性的新鲜土样，刮去土钻中的上部浮土，将土钻中部所需深度处的土壤约 20g，捏碎后迅速装入已知准确质量的大型铝盒内，盖紧，装入木箱或其他容器，带回室内，将铝盒外表擦拭干净，立即称重，尽早测定水分。

五、实验步骤

1. 风干土样水分的测定

取小型铝盒在 105℃恒温烘箱中烘烤约 2h，移入干燥器内冷却至室温，称重，准确至 0.001g。用角勺将风干土样拌匀，舀取约 5g，均匀地平铺在铝盒中，盖好，称重，准确至 0.001g。将铝盒盖揭开，放在盒底下，置于已预热至（105±2）℃的烘箱中烘烤 6h。取出，盖好，移入干燥器内冷却至室温（约需 20min），立即称重。风干土样水分的测定应做两份平行测定。

2. 新鲜土样水分的测定

将盛有新鲜土样的大型铝盒在分析天平上称重，准确至 0.01g。揭开盒盖，放在盒底下，置于已预热至（105±2）℃的烘箱中烘烤 12h。取出，盖好，在干燥器中冷却至温（约需 30min），立即称重。新鲜土样水分的测定应做三份平行测定。

注：烘烤规定时间后一次称重，即达恒重。

六、实验结果

（1）计算公式如下：

$$分析基水分质量分数(\%)=\frac{m_1-m_2}{m_1-m_0}\times 100 \tag{2-14}$$

$$干基水分质量分数(\%)=\frac{m_1-m_2}{m_2-m_0}\times 100 \tag{2-15}$$

式中 m_0——烘干空铝盒质量，g；

m_1——烘干前铝盒及土样质量，g；

m_2——烘干后铝盒及土样质量，g。

（2）平行测定的结果用算术平均值表示，保留小数后一位。

（3）平行测定结果的差值：水分质量分数小于 5%的风干土样不得超过 0.2%，水分质量分数为 5%～25%的潮湿土样不得超过 0.3%，水分质量分数大于 15%的大粒（粒径约 10mm）黏重潮湿土样不得超过 0.7%（相当于相对相差不大于 5%）。

（4）土壤分析一般以烘干土计重，但分析时又以湿土或风干土称重，故须进行换算，计算公式为：应称取的湿土或风干土样重＝所需烘干土样重×(1＋水分质量分数)。

七、实验报告

（1）包含实验目的和意义、原始实验数据记录表、实验数据的处理、实验结果的分析与讨论、实验结论。

（2）实验报告要工整。

八、思考题

土壤中污染组分含量测定时，测定结果计算是按烘干土壤还是新鲜土壤为基准计算？

实验 10　土壤　pH 值的测定——电位法

一、实验目的

（1）了解土壤 pH 值测定的环境意义。

（2）熟悉电位法测定土壤 pH 值的原理和方法。

二、方法要点

以水为浸提剂，水土比为 2.5∶1，将指示电极和参比电极（或 pH 复合电极）浸入土壤悬浊液时，构成一个原电池，在一定的温度下，其电动势与悬浊液的 pH 值有关，通过测定原电池的电动势即可得到土壤的 pH 值。

三、仪器、设备和试剂

1. 仪器、设备

（1）pH 计：精度为 0.01 个 pH 单位，具有温度补偿功能。

（2）电极：玻璃电极和饱和甘汞电极或 pH 复合电极。

（3）磁力搅拌器或水平振荡器：具有温控功能。

（4）土壤筛：孔径 2mm（10 目）

（5）一般实验室常用仪器和设备。

2. 试剂

除非另有说明，分析时均使用符合国家标准的分析纯试剂。

（1）实验用水：去除二氧化碳的新制备的蒸馏水或纯水。将水注入烧瓶中，煮沸 10min，放置冷却。临用现制。

（2）邻苯二甲酸氢钾（$C_8H_5KO_4$）。使用前110～120℃烘干2h。

（3）磷酸二氢钾（KH_2PO_4）。使用前110～120℃烘干2h。

（4）无水磷酸氢二钠（Na_2HPO_4）。使用前110～120℃烘干2h。

（5）四硼酸钠（$Na_2B_4O_7 \cdot 10H_2O$）。与饱和溴化钠（或氯化钠加蔗糖）溶液（室温）共同放置在干燥器中48h，使四硼酸钠晶体保持稳定。

（6）pH 4.01（25℃）标准缓冲溶液：$c(C_8H_5KO_4)=0.05mol/L$。称取10.12g烘干的邻苯二甲酸氢钾，溶于水中，于25℃下在容量瓶中稀释至1L。也可直接采用符合国家标准的标准溶液。

（7）pH 6.86（25℃）标准缓冲溶液：$c(KH_2PO_4)=0.025mol/L$，$c(Na_2HPO_4)=0.025mol/L$。分别称取3.387g烘干的磷酸二氢钾和3.533g烘干的无水磷酸氢二钠，溶于水中，于25℃下在容量瓶中稀释至1L。也可直接采用符合国家标准的标准溶液。

（8）pH 9.18（25℃）标准缓冲溶液：$c(Na_2B_4O_7)=0.01mol/L$。称取3.80g四硼酸钠，溶于水中，于25℃下在容量瓶中稀释至1L，在聚乙烯瓶中密封保存。也可直接采用符合国家标准的标准溶液。

注：上述pH标准缓冲溶液于冰箱中4℃冷藏可保存2～3个月。发现有浑浊、发霉或沉淀等现象时，不能继续使用。

四、样品采集、保存与制备

按照《土壤环境监测技术规范》的相关规定进行土壤样品的采集、保存和制备。制备包括样品的风干、缩分、粉碎和过孔径2mm的土壤筛。制备后的样品不立刻测定时，应密封保存，以免受大气中氨和酸性气体的影响，同时避免日晒、高温、潮湿的影响。

称取10.0g土壤样品置于50mL的高型烧杯或其他适宜的容器中，加入25mL去除二氧化碳的新制备的水。将容器用封口膜或保鲜膜密封后，用磁力搅拌器剧烈搅拌2min或用水平振荡器剧烈振荡2min。静置30min，在1h内完成测定。

五、实验步骤

1. 校准

至少使用两种pH标准缓冲溶液对pH计进行校准。先用pH 6.86（25℃）标准缓冲溶液，再用pH 4.01（25℃）标准缓冲溶液或pH 9.18（25℃）标准缓冲溶液校准。校准步骤如下：

（1）将盛有标准缓冲溶液并内置搅拌子的烧杯置于磁力搅拌器上，开启磁力搅拌器。

（2）控制标准缓冲溶液的温度在（25±1）℃，用温度计测量标准缓冲溶液的温度，并将pH计的温度补偿旋钮调节到该温度上。有自动温度补偿功能的仪器，可省略此步骤。

（3）将电极插入标准缓冲溶液中，待读数稳定后，调节仪器示值与标准缓冲溶液的pH值一致。重复步骤（1）和（2），用另一种标准缓冲溶液校准pH计，仪器示值与该标准缓冲溶液的pH值之差应≤0.02个pH单位。否则应重新校准。

注：用于校准pH的两种标准缓冲溶液，其中一种标准缓冲溶液的pH值应与土壤pH值相差不超过2个pH单位。若超出范围，可选择其他pH标准缓冲溶液，不同pH标准缓冲溶液（25℃）见表2-4。

表 2-4　不同 pH 标准缓冲溶液（25℃）

标准缓冲溶液	标准物质名称	分子式	标准溶液浓度/($mol \cdot kg^{-1}$)	配制 1L 标准溶液所需标准物质的质量/g
pH 1.68	四草酸钾	$KH_3(C_2O_4)_2 \cdot 2H_2O$	0.05	12.61
pH 3.56	酒石酸氢钾	$KHC_4H_4O_6$	25℃饱和约为 0.034	＞7
pH 4.01	邻苯二甲酸氢钾	$KHC_8H_4O_4$	0.05	10.12
pH 6.86	磷酸氢二钠	Na_2HPO_4	0.025	3.533
	磷酸二氢钾	KH_2PO_4	0.025	3.387
pH 7.41	磷酸氢二钠	Na_2HPO_4	0.03043	4.303
	磷酸二氢钾	KH_2PO_4	0.008695	1.179
pH 9.18	四硼酸钠	$Na_2B_4O_7 \cdot 10H_2O$	0.01	3.8
pH 12.46	氢氧化钙	$Ca(OH)_2$	25℃饱和约为 0.020	＞2

2. 测定

控制试样的温度为（25±1）℃，与标准缓冲溶液的温度之差不应超过 2℃。将电极插入试样的悬浊液，电极探头浸入液面下悬浊液垂直深度的 1/3～2/3 处，轻轻摇动试样。待读数稳定后，记录 pH 值。每个试样测完后，立刻用水冲洗电极，并用滤纸将电极外部水吸干，再测定下一个试样。

六、实验结果

测定结果保留至小数点后 2 位。当读数小于 2.00 或大于 12.00 时，结果分别表示为 pH＜2.00 或 pH＞12.00。

七、精密度

6 家实验室分别对湖南黄壤和贵州紫色土统一样品进行 6 次重复测定：湖南黄壤 pH 值平均值为 4.62，实验室内相对标准偏差为 0.12%～1.5%，实验室间相对标准偏差为 2.7%，重复性限为 0.10，再现性限为 0.37；贵州紫色土 pH 值平均值为 5.83，实验室内相对标准偏差为 0.30%～1.5%，实验室间相对标准偏差为 2.8%，重复性限为 0.11，再现性限为 0.46。

八、质量保证与质量控制

每批样品应至少测定 10%的平行双样，每批少于 10 个样品时，应至少测定 1 组平行双样。两次平行测定结果的允许差值为 0.3 个 pH 单位。

九、注意事项

（1）pH 计应参照仪器说明书使用和维护。

（2）电极应参照电极说明书使用和维护。

（3）温度对土壤 pH 值的测定具有一定影响，在测定时，应按要求控制温度。

（4）在测定时，将电极插入试样的悬浊液，应注意去除电极表面气泡。

十、实验报告

（1）包含实验目的和意义、原始实验数据记录表、实验数据的处理、实验结果的分析与讨论、实验结论。

（2）实验报告要工整。

十一、思考题

土壤 pH 值测定时，不同酸碱度的土水土比不同，对土壤 pH 值测定结果有影响吗？

实验 11 环境噪声监测

一、实验目的

（1）掌握声级计的使用方法。

（2）掌握环境噪声监测技术。

二、方法要点

（1）要求在无雨雪、无雷电天气，风速为 5m/s 以下时进行监测。声级计应保持传声器膜片清洁，风力在三级以上必须加防风罩（以避免风噪声干扰），五级以上大风时应停止测量。

（2）精度 2 级及 2 级以上的积分式声级计或环境噪声自动监测仪器，使用方法参照仪器说明书。

（3）手持仪器测量，传声器要求距离地面 1.2m。

三、实验步骤

（1）将学校（或某一地区）划分为 25m×25m 的网格，测量点选在每个网格的中心，若中心点的位置不宜测量，可移到旁边能够测量的位置。

（2）每组三人配置一台声级计，顺序到各网点测量，时间从 8:00 到 17:00，每一网格至少测量 4 次，时间间隔尽可能相同。

（3）读数方式用慢挡，每隔 5s 读一个瞬时 A 声级，连续读取 200 个数据。读数同时要判断和记录附近主要噪声来源（如交通噪声、施工噪声、工厂或车间噪声、锅炉噪声）和天气条件。

四、实验结果

环境噪声是随时间而起伏的无规律噪声，因此测量结果一般用统计值或等效声级来表示，本实验用等效声级表示。

将各网点每一次的测量数据（200 个）顺序排列找出 L_{10}、L_{50}、L_{90}，求出等效声级 L_{eq}，再将该网点一整天的各次 L_{eq} 值求出的算术平均值作为该网点的环境噪声水平。

以 5dB 为一等级，用不同颜色或阴影线绘制学校（或某一地区）噪声污染图。

五、实验报告

（1）包含实验目的和意义、原始实验数据记录表、实验数据的处理、实验结果的分析与讨论、实验结论。

（2）实验报告要工整。

六、思考题

噪声的大小还可以用什么方法监测？

实验 12　工业企业噪声监测

一、实验目的

（1）了解声级、等效声级、昼间等效声级、夜间等效声级的概念。

（2）掌握噪声测量仪的使用方法。

二、方法要点

本方法适用于工厂及有可能造成噪声污染的企事业单位的边界噪声的测量。

（1）A 声级：用 A 计权网络测得的声压级，用 L_A 标识，单位为 dB。

（2）等效声级：在某规定测量时间内 A 声级的能量平均值，又称等效连续 A 声级，用 $L_{Aeq,t}$（简写为 L_{eq}）表示，单位为 dB。按下式计算：

$$L_{eq}=10\lg\left(\frac{1}{t}\int_0^t 10^{0.1L_A}\mathrm{d}t\right) \tag{2-16}$$

式中　L_{eq}——等效连续 A 声级，dB；

L_A——t 时刻的瞬时 A 声级，dB；

t——规定的测量时间段。

当采样测量，且采样的时间间隔一定时，上式可表示为：

$$L_{eq}=10\lg\left(\frac{1}{t}\sum_{i=1}^{n}10^{0.1L_i}\right) \tag{2-17}$$

式中 L_i——第 i 次采样测得的 A 声级，dB；

n——采样总数。

（3）稳态噪声和非稳态噪声：在测量时间内，声级起伏不大于 3dB（A）的噪声视为稳态噪声，否则称为非稳态噪声。

（4）周期性噪声：在测量时间内，声级变化具有明显的周期性的噪声。

（5）背景噪声：厂界外噪声源产生的噪声。

三、仪器与实验条件

1. 测量仪器

测量仪器精度为 2 型及以上的积分平均声级计或环境噪声自动监测仪器，其性能需符合《电声学　声级计　第 1 部分：规范》（GB/T 3875.1—2023）的规定，并定期校验。在测量前后用声校准器对测量仪器进行校准，灵敏度差不得大于 0.5dB（A），否则测量无效。测量时传声器加防风罩。

2. 气象条件

测量应在无雨雪、无雷电天气，风力为 5m/s 以下时进行。

3. 测量时间

测量应在被测企事业单位的正常工作时间内进行，分为昼、夜两部分，时段可由当地人民政府按当地习惯和季节划定。

四、实验步骤

1. 测点位置的选择

测点（即传声器位置，下同）应选在法定厂界外 1m，高度 1.2m 以上的噪声敏感处。

如厂界有围墙，测点应高于围墙。

若厂界与居民住宅相连，厂界噪声无法测量时，测点应选在居室中央，室内限值应比相应标准值低 10dB（A）。

2. 采样方式

用声级计采样时，仪器动态特性为慢响应，采样时间间隔为 5s。

用环境噪声自动监测仪采样时，仪器动态特性为快响应，采样时间间隔不大于 1s。

3. 测量值

稳态噪声测量 1min 的等效声级。周期性噪声测量一个周期的等效声级。非周期性非稳态噪声测量整个正常工作时间的等效声级。

五、实验记录及数据处理

1. 测量记录

围绕厂界布点，布点数目及间距视实际情况而定。在每一测点测量，计算正常工作时间内的等效声级，填入表 2-5 工业企业厂界噪声测量记录表中。

表 2-5　工业企业厂界噪声测量记录表

工厂名称	适用标准类型	测量仪器	测量时间	测量人
测点编号	主要声源	测量值		测点示意图
		昼间/dB	夜间/dB	

2. 背景值修正

背景噪声的声级值应比待测噪声的声级值低 10dB（A）以上，若测量值与背景值差值小于 10dB（A），按表 2-6 进行修正。

表 2-6　背景值修正

差值/dB	3	4～6	7～9
修正值/dB	－3	－2	－1

六、注意事项

各个测点的测量结果应单独评价，同一测点每天的测量结果按昼间、夜间进行评价。

七、实验报告

（1）包含实验目的和意义、原始实验数据记录表、实验数据的处理、实验结果的分析与讨论、实验结论。

（2）实验报告要工整。

八、思考题

工业企业噪声监测时，是否应减少气流、电磁场、温度和湿度等环境因素对测量结果的影响？

实验 13　交通噪声监测

一、实验目的

（1）掌握噪声测量仪的使用方法。

（2）掌握交通噪声的监测技术。

二、方法要点

交通干线指铁路（铁路专用线除外）、高速公路、一级公路、二级公路、城市快速路、城市主干路、城市次干路、城市轨道交通线路（地面段）、内河航道。应根据铁路、交通、城市等规划确定。交通干线两侧一定距离之内，需要防止交通噪声对周围环境产生严重影响。

三、仪器与实验条件

（1）天气条件要求无雨雪、无雷电，风速为5m/s以下。

（2）使用仪器为声级计或环境噪声自动监测仪。

（3）测量时传声器加防风罩。

四、实验步骤

（1）测点应设于第一排噪声敏感建筑物户外交通噪声空间垂直分布的最大可能值处。测点选择距离任何反射物（地面除外）至少3.5m外测量，距地面高度1.2m以上。

（2）以自然路段、站、场、河段等为基础，考虑交通运行特征和两侧噪声敏感建筑物分布情况，划分典型路段（包括河段）。在每个典型路段对应的边界上或第一排敏感建筑物户外选择1个测点进行噪声监测。这些测点应与站、场、码头、岔路口、河流汇入口等相隔一定的距离，避开这些地点的噪声干扰。

（3）监测分昼、夜两个时段进行。分别测量如下规定时间内的等效声级 L_{eq} 和交通流量，对铁路、城市轨道交通线路（地面段），应同时测量最大声级 L_{max}，对道路交通噪声应同时测量累积百分声级 L_{10}、L_{50}、L_{90}。

根据交通类型的差异，规定的测量时间如下：

铁路、城市轨道交通线路（地面段）、内河航道两侧，昼、夜各测量不低于平均运行密度的某1h值。若城市轨道交通线路（地面段）的运行车次密集，测量时间可缩短为20min。

高速公路、一级公路、二级公路、城市快速路、城市主干路、城市次干路两侧，昼、夜各测量不低于平均运行密度的20min值。

监测应避开节假日和非正常工作日。

（4）噪声测量时需作测量记录，记录内容主要包括以下事项：

日期、时间、地点及测量人员；

使用仪器型号、编号及其校准记录；

测量时间内的气象条件；

测量项目及测量结果；

测量依据的标准；

测点示意图；

噪声源及运行工况说明（如交通流量等）；

其他应记录的事项。

五、实验结果

（1）将某条交通干线各典型路段的噪声测量值，按路段长度进行加权算术平均计算，以此得出某条交通干线两侧的环境噪声测量平均值。

（2）可对某一区域内的所有铁路、确定为交通干线的道路、城市轨道交通线路（地面段)、内河航道按前述方法进行加权统计，得出针对某一区域某一交通类型的环境噪声测量平均值。

(3) 根据每个典型路段的噪声测量值及对应的路段长度，统计不同噪声影响水平下的路段比例，以及昼间、夜间的达标路段比例，有条件的可估算受影响人口。

(4) 对某条交通干线或某一区域某一交通类型采取抽样测量的，应统计抽样路段的比例。

六、实验报告

(1) 包含实验目的和意义、原始实验数据记录表、实验数据的处理、实验结果的分析与讨论、实验结论。

(2) 实验报告要工整。

第3章
综合性实验

实验14　水质　化学需氧量的测定

一、实验目的

（1）深刻理解 COD 的含义，掌握其测定原理。

（2）掌握重铬酸盐法和快速消解分光光度法测定水中 COD 的方法及操作步骤。

二、实验方法

（一）重铬酸盐法

1. 方法要点

本方法适用于地表水、生活污水和工业废水中化学需氧量的测定，不适用于含氯化物浓度（稀释后）大于 1000mg/L 的水中化学需氧量的测定。

当取样体积为 10.0mL 时，本方法的检出限为 4mg/L，测定下限为 16mg/L。未经稀释的水样测定上限为 700mg/L，超过此限时须稀释后测定。

在水样中加入已知量的重铬酸钾溶液，并在强酸介质下以银盐作催化剂，经沸腾回流后，以试亚铁灵为指示剂，用硫酸亚铁铵滴定水样中未被还原的重铬酸钾，根据消耗重铬酸钾的量计算出水样中还原性物质消耗氧的质量浓度。

2. 干扰及消除

本方法主要干扰物为氯化物，可加入硫酸汞溶液去除。经回流后，氯离子可与硫酸汞结合生成可溶性的氯汞配合物。硫酸汞溶液的用量可根据水样中氯离子的含量，按质量比 $m(HgSO_4):m(Cl^-)\geqslant 20:1$ 的比例加入，最大加入量为 2mL（按照氯离子最大允许浓度

1000mg/L计）。水样中氯离子的含量可采用以下方法进行测定或粗略判定：

取10.0mL未加硫酸（ρ=1.84g/mL）的水样于锥形瓶中，稀释至20mL，用氢氧化钠溶液调至中性（pH试纸判定即可），加入1滴铬酸钾指示剂，用滴定管加硝酸银溶液，并不断摇匀，直至出现砖红色沉淀，记录滴数，换算成体积，粗略判定水样中氯离子的含量。

为方便快捷地估算氯离子质量浓度，先估算所用滴管滴下每滴液体的体积，根据化学分析中每滴体积（如下按0.04mL给出示例）计算给出氯离子质量浓度与滴数的粗略换算表（表3-1）。

表3-1 氯离子质量浓度与滴数的粗略换算表

水样取样量/mL	氯离子质量浓度/(mg/L)			
	滴数:5	滴数:10	滴数:20	滴数:50
2	501	1001	2503	5006
5	200	400	801	2001
10	100	200	400	1001

3. 仪器、设备和试剂

1）仪器、设备

（1）回流装置：带有250mL磨口锥形瓶的全玻璃回流装置，水冷。

（2）加热装置：加热套或变阻电炉。

（3）分析天平：感量为0.0001g。

（4）酸式滴定管：50mL。

（5）一般实验室常用仪器和设备。

2）试剂

除非另有说明，实验时所用试剂均为符合国家标准的分析纯试剂，实验用水均为蒸馏水或同等纯度水。

（1）硫酸（H_2SO_4）：ρ=1.84g/mL。

（2）重铬酸钾标准溶液：$c(1/6K_2Cr_2O_7)=0.250mol/L$。准确称取预先在105℃烘箱中干燥至恒重的基准试剂或优级纯重铬酸钾12.258g溶于水中，定容至1000mL。

（3）重铬酸钾标准溶液：$c(1/6K_2Cr_2O_7)=0.0250moL/L$。将重铬酸钾标准溶液[$c(1/6K_2Cr_2O_7)=0.250mol/L$]稀释10倍。

（4）试亚铁灵指示剂溶液：称取1.5g 1,10-菲绕啉（$C_{12}H_8N_2 \cdot H_2O$）和0.7g七水合硫酸亚铁（$FeSO_4 \cdot 7H_2O$）溶于水中，稀释至100mL，贮存于棕色瓶内。

（5）硫酸亚铁铵标准溶液：$c[(NH_4)_2Fe(SO_4)_2 \cdot 6H_2O]\approx0.05mol/L$。称取19.5g硫酸亚铁铵（$[(NH_4)_2Fe(SO_4)_2 \cdot 6H_2O]$）溶解于水中，加入10mL硫酸（$\rho$=1.84g/mL），待溶液冷却后稀释至1000mL。

每日临用前，必须用重铬酸钾标准溶液[$c(1/6K_2Cr_2O_7)=0.250mol/L$]准确标定硫酸亚铁铵溶液的浓度，标定时应做平行双样。

取5.00mL重铬酸钾标准溶液[$c(1/6K_2Cr_2O_7)=0.250mol/L$]置于锥形瓶中，用水稀释至约50mL，缓慢加入15mL硫酸（ρ=1.84g/mL），混匀，冷却后加入3滴（约

0.15mL）试亚铁灵指示剂，用硫酸亚铁铵标准溶液 $\{c[(NH_4)_2Fe(SO_4)_2 \cdot 6H_2O] \approx 0.05mol/L\}$ 滴定，溶液的颜色由黄色经蓝绿色变为红褐色即终点，记录下硫酸亚铁铵的消耗量（mL）。

硫酸亚铁铵标准滴定溶液浓度按下式计算：

$$c = \frac{1.25}{V} \tag{3-1}$$

式中 c——硫酸亚铁铵标准滴定溶液的物质的量浓度，mol/L；

V——滴定时消耗硫酸亚铁铵溶液的体积，mL。

（6）硫酸亚铁铵标准溶液：$c[(NH_4)_2Fe(SO_4)_2 \cdot 6H_2O] \approx 0.005mol/L$。将硫酸亚铁铵标准溶液 $\{c[(NH_4)_2Fe(SO_4)_2 \cdot 6H_2O] \approx 0.05mol/L\}$ 稀释 10 倍，用重铬酸钾标准溶液 $[c(1/6K_2Cr_2O_7) = 0.0250moL/L]$ 标定，其滴定步骤及浓度计算同（5）。每日临用前标定。

（7）硫酸银-硫酸溶液：称取 10g 硫酸银（Ag_2SO_4），加到 1L 硫酸（$\rho = 1.84g/mL$）中，放置 1～2d 使之溶解，并摇匀，使用前小心摇动。

（8）硫酸汞溶液：$\rho = 100g/L$。称取 10g 硫酸汞（$HgSO_4$），溶于 100mL 硫酸溶液（1+9）中，混匀。

（9）氢氧化钠溶液：$\rho = 10g/L$。称取 1g 氢氧化钠溶于水中，稀释至 100mL，摇匀，贮于滴瓶中。

（10）硝酸银溶液：$c(AgNO_3) = 0.141mol/L$。称取 2.395g 硝酸银，溶于 100mL 容量瓶中，贮于棕色滴瓶中。

（11）铬酸钾溶液：$\rho = 50g/L$。称取 5g 铬酸钾，溶于少量蒸馏水中，滴加硝酸银溶液至有红色沉淀生成。摇匀，静置 12h，然后过滤并用蒸馏水将滤液稀释至 100mL。

（12）防暴沸玻璃珠。

4. 实验步骤

1）COD 浓度≤50mg/L 的样品

（1）样品测定。取 10.0mL 水样于锥形瓶中，依次加入硫酸汞溶液（见“干扰及消除”）、重铬酸钾标准溶液 $[c(1/6K_2Cr_2O_7) = 0.0250moL/L]$ 5.00mL 和几颗防暴沸玻璃珠，摇匀。

将锥形瓶连接到回流装置冷凝管下端，通入冷凝水，从冷凝管上端缓慢加入 15mL 硫酸银-硫酸溶液，以防止低沸点有机物的逸出，不断旋动锥形瓶使之混合均匀。自溶液开始沸腾起保持微沸回流 2h。回流冷却后，自冷凝管上端加入 45mL 水冲洗冷凝管，使溶液体积在 70mL 左右，取下锥形瓶。

溶液冷却至室温后，加入 3 滴试亚铁灵指示剂溶液，用硫酸亚铁铵标准溶液 $\{c[(NH_4)_2Fe(SO_4)_2 \cdot 6H_2O] \approx 0.005mol/L\}$ 滴定，溶液的颜色由黄色经蓝绿色变为红褐色即为终点。记下硫酸亚铁铵标准溶液的消耗体积 V_1。

注： 样品浓度低时，取样体积可适当增加。

（2）空白实验。按以上“样品测定”相同步骤以 10.0mL 试剂水代替水样进行空白实验，记录下空白滴定时消耗硫酸亚铁铵标准溶液的体积 V_0。

注： 空白实验中硫酸银-硫酸溶液和硫酸汞溶液的用量应与样品中的用量保持一致。

2）COD浓度>50mg/L的样品

（1）样品测定。取10.0mL水样于锥形瓶中，依次加入硫酸汞溶液、重铬酸钾标准溶液[$c(1/6K_2Cr_2O_7)=0.250mol/L$] 5.00mL和几颗防暴沸玻璃珠，摇匀。其他操作与“COD浓度≤50mg/L的样品”中“样品测定”步骤相同。

待溶液冷却至室温后，加入3滴试亚铁灵指示剂溶液，用硫酸亚铁铵标准滴定溶液{$c[(NH_4)_2Fe(SO_4)_2 \cdot 6H_2O] \approx 0.05mol/L$}滴定，溶液的颜色由黄色经蓝绿色变为红褐色即为终点。记录硫酸亚铁铵标准滴定溶液的消耗体积V_1。

（2）空白实验。按“COD浓度≤50mg/L的样品”中“空白实验”相同步骤以试剂水代替水样进行空白实验。

5. 实验结果

按下式计算样品中化学需氧量的质量浓度：

$$\rho=\frac{c(V_0-V_1)\times 8000}{V}\times f \tag{3-2}$$

式中 ρ——化学需氧量的质量浓度，mg/L；

c——硫酸亚铁铵标准溶液的物质的量浓度，mol/L；

V_0——空白实验所消耗的硫酸亚铁铵标准溶液的体积，mL；

V_1——水样测定所消耗的硫酸亚铁铵标准溶液的体积，mL；

V——水样的体积，mL；

f——样品稀释倍数；

8000——$1/4O_2$的摩尔质量以mg/L为单位的换算值。

当COD测定结果小于100mg/L时保留至整数位；当测定结果大于或等于100mg/L时，保留三位有效数字。

将实验所得到的数据填入表3-2。

表3-2 实验数据记录表

硫酸亚铁铵溶液的物质的量浓度/(mol/L)	样品名称	消耗硫酸亚铁铵溶液的体积/mL	水样体积V/mL	稀释倍数f	COD/(mg/L)	平均值
	空白					
	1					
	2					
	3					
	4					

6. 注意事项

（1）每次实验时，应对硫酸亚铁铵标准溶液进行标定，室温较高时尤其应注意其浓度的变化。

（2）消解时应使溶液缓慢沸腾，不宜暴沸。如出现暴沸，说明溶液中出现局部过热，会导致测定结果有误。暴沸的原因可能是加热过于激烈或是防暴沸玻璃珠的效果不好。

（3）对于化学需氧量小于50mg/L的水样，应改用0.0250mol/L重铬酸钾标准溶液，回滴时用 0.005mol/L 硫酸亚铁铵标准溶液。

(4) 氯离子含量高于 2000mg/L 的样品应先定量稀释，使含量降低至 2000mg/L 以下，再进行测定。

(5) 对于浓度较高的水样，可选取所需体积 1/10 的水样放入硬质玻璃管中，加入试剂，摇匀后加热至沸腾数分钟，观察溶液是否变成蓝绿色。如呈蓝绿色，应再适当少取水样，直至溶液不变蓝绿色为止，从而可以确定待测水样的稀释倍数。

(6) 同一水样的化学需氧量，可因加入氧化剂的浓度、反应溶液的酸度、反应温度和时间的不同而不同。化学需氧量是一个条件性指标，必须严格按照操作步骤进行。根据取水体积不同，按表 3-3 调整试剂用量。

(7) 试亚铁灵指示剂的加入量虽然不影响临界点，但应该尽量一致。当溶液的颜色先变为蓝绿色再变到红褐色即达到终点，几分钟后可能还会重现蓝绿色。

表 3-3 取水样体积和试剂用量

水样体积/mL	0.250mol/L 重铬酸钾溶液的体积/mL	硫酸-硫酸银溶液体积/mL	硫酸汞溶液体积/mL	$(NH_4)_2Fe(SO_4)_2 \cdot 6H_2O$ 的物质的量浓度/(mol/L)	滴定前体积/mL
10.0	5.0	15	2	0.050	70
20.0	10.0	30	4	0.100	140
30.0	15.0	45	6	0.150	210
40.0	20.0	60	8	0.200	280
50.0	25.0	75	10	0.250	350

(二) 快速消解分光光度法

1. 方法要点

本方法适用于地表水、地下水、生活污水和工业废水中化学需氧量（COD）的测定。对未经稀释的水样，其 COD 测定下限为 15mg/L，测定上限为 1000mg/L，其氯离子质量浓度不应大于 1000mg/L。对于化学需氧量（COD）大于 1000mg/L 或氯离子含量大于 1000mg/L 的水样，可经适当稀释后进行测定。

试样中加入已知量的重铬酸钾溶液，在强硫酸介质中，以硫酸银作为催化剂，经高温消解后，用分光光度法测定 COD 值。

当试样中 COD 值为 100～1000mg/L 时，在 600nm±20nm 波长处测定重铬酸钾被还原产生的三价铬（Cr^{3+}）的吸光度，试样中 COD 值与三价铬（Cr^{3+}）的吸光度的增加值成正比例关系，将三价铬（Cr^{3+}）的吸光度换算成试样的 COD 值。

当试样中 COD 值为 15～250mg/L 时，在 440nm±20nm 波长处测定重铬酸钾未被还原的六价铬［Cr(Ⅵ)］和被还原产生的三价铬（Cr^{3+}）的两种铬离子的总吸光度；试样中 COD 值与六价铬［Cr(Ⅵ)］的吸光度减少值成正比例，与三价铬（Cr^{3+}）的吸光度增加值成正比例，与总吸光度减少值成正比例，将总吸光度值换算成试样的 COD 值。

2. 干扰及消除

(1) 氯离子是主要的干扰成分，水样中含有氯离子会使测定结果偏高，加入适量硫酸汞与氯离子形成可溶性氯化汞配合物，可减少氯离子的干扰，选用低量程方法测定 COD，也可减少氯离子对测定结果的影响。

（2）在600nm±20nm处测试时，Mn(Ⅲ)、Mn(Ⅵ)或Mn(Ⅶ)形成红色物质，会引起正偏差，其500mg/L的锰溶液（硫酸盐形式）引起正偏差COD值为1083mg/L，其50mg/L的锰溶液（硫酸盐形式）引起正偏差COD值为121mg/L；而在400nm±20nm处，500mg/L的锰溶液（硫酸盐形式）的影响比较小，引起的偏差COD值为－7.5mg/L，50mg/L的锰溶液（硫酸盐形式）的影响可忽略不计。

（3）在酸性重铬酸钾条件下，一些芳香烃类有机物、吡啶等化合物难以氧化，其氧化率较低。

（4）试样中的有机氮通常转化成铵离子，铵离子不被重铬酸钾氧化。

3. 仪器、设备和试剂

1）仪器、设备

（1）消解管。消解管应由耐酸玻璃制成，在165℃温度下能承受600kPa的压力，管盖应耐热、耐酸，使用前所有的消解管和管盖均应无任何破损或裂纹。首次使用的消解管，应按以下方法进行清洗：

① 在消解管中加入适量的硫酸银-硫酸溶液和重铬酸钾溶液［$c(1/6K_2Cr_2O_7)$＝0.500mol/L］的混合液（6＋1），也可用铬酸洗液代替混合液。

② 拧紧管盖，在60～80℃水浴中加热管子，手执管盖，颠倒摇动管子，反复洗涤管内壁。

③ 室温冷却后，拧开盖子，倒出混合液，再用水冲洗净管盖和消解管内外壁。

当消解管作为比色管进行光度测定时，应从一批消解管中随机选取5～10支，加入5mL水，在选定的波长处测定其吸光度值，吸光度值的差值应在±0.005之内。

消解管作比色管应符合使用说明书的要求，消解管用于光度测定的部位不应有擦痕和粗糙，在放入光度计前应确保管子外壁非常洁净。

（2）加热器。①加热器应具有自动恒温加热、计时鸣叫等功能，有透明且通风的防消解液飞溅的防护盖。②加热器加热时不会产生局部过热现象。加热孔的直径应能使消解管与加热壁紧密接触。为保证消解反应液在消解管内有充分的加热消解和冷却回流，加热孔深度一般不低于或高于消解管内消解反应液高度5mm。③加热器加热后应在10min内达到设定的165℃±2℃温度。

（3）光度计。光度测量范围不小于0～2吸光度范围，数字显示灵敏度为0.001吸光度值。可分为：①普通光度计，即在测定波长处，可用普通长方形比色皿测定的光度计；②专用光度计，即在测定波长处，用固定长方形比色皿（池）测定COD值的光度计或用消解比色管测定COD值的光度计。宜选用消解比色管测定COD的专用分光计。

光度计的性能校正：在正常工作时，比色池（皿）或消解比色管装入适量水调整吸光度值为0.000，每隔1min，读取记录一次数据，20min内吸光度小于0.005。

（4）消解管支架：不擦伤消解比色管光度测量的部位，方便消解管的放置和取出，耐165℃热烫的支架。

（5）离心机：可放置消解比色管进行离心分离，转速范围为0～4000r/min。

（6）手动移液器（枪）最小分度体积不大于0.01mL。

（7）A级吸量管、容量瓶和量筒。

（8）搅拌器（机）。

2）试剂

（1）水：应符合 GB/T 6682 一级水的相关要求。

（2）硫酸：$\rho(H_2SO_4)$=1.84g/mL。

（3）硫酸溶液：1+9。将 100mL 硫酸 $\rho(H_2SO_4)$=1.84g/mL 沿烧杯壁慢慢加入到 900mL 水中，搅拌混匀，冷却备用。

（4）硫酸银-硫酸溶液：$\rho(Ag_2SO_4)$=10g/L。将 5.0g 硫酸银加入到 500mL 硫酸 [$\rho(H_2SO_4)$=1.84g/mL] 中，静置 1～2d，搅拌，使其溶解。

（5）硫酸汞溶液：$\rho(HgSO_4)$=0.24g/mL。将 48.0g 硫酸汞分次加入 200mL 硫酸溶液（1+9）中，搅拌溶解，此溶液可稳定保存 6 个月。

（6）重铬酸钾（$K_2Cr_2O_7$）：优级纯。

（7）重铬酸钾标准溶液。

① $c(1/6K_2Cr_2O_7)$=0.500mol/L。将重铬酸钾（优级纯）在 120℃±2℃下干燥至恒重后，称取 24.5154g 置于烧杯中，加入 600mL 水，搅拌下慢慢加入 100mL 硫酸 [$\rho(H_2SO_4)$=1.84g/mL]，溶解冷却后，转移此溶液于 1000mL 容量瓶中，用水稀释至标线，摇匀。溶液可稳定保存 6 个月。

② $c(1/6K_2Cr_2O_7)$=0.160mol/L。将重铬酸钾（优级纯）在 120℃±2℃下干燥至恒重后，称取 7.8449g 置于烧杯中，加入 600mL 水，搅拌下慢慢加入 100mL 硫酸 [$\rho(H_2SO_4)$=1.84g/mL]，溶解冷却后，转移此溶液于 1000mL 容量瓶中，用水稀释至标线，摇匀。溶液可稳定保存 6 个月。

③ $c(1/6K_2Cr_2O_7)$=0.120mol/L。将重铬酸钾（优级纯）在 120℃±2℃下干燥至恒重后，称取 5.8837g 置于烧杯中，加入 600mL 水，搅拌下慢慢加入 100mL 硫酸 [$\rho(H_2SO_4)$=1.84g/mL]，溶解冷却后，转移此溶液于 1000mL 容量瓶中，用水稀释至标线，摇匀。溶液可稳定保存 6 个月。

（8）预装混合试剂：在一支消解管中，按表 3-4 预装混合试剂及方法（试剂）标识的要求加入重铬酸钾溶液、硫酸汞溶液和硫酸银-硫酸溶液，拧紧盖子，轻轻摇匀，冷却至室温，避光保存。在使用前应将混合试剂摇匀。

配制不含汞的预装混合试剂，用硫酸溶液（1+9）代替硫酸汞溶液 [$\rho(HgSO_4)$=0.24g/mL]，在一支消解管中，按表 3-4 的要求加入重铬酸钾溶液、硫酸汞溶液和硫酸银-硫酸溶液，拧紧盖子，轻轻摇匀，冷却至室温，避光保存。在使用前应将混合试剂摇匀。

预装混合试剂在常温避光条件下，可稳定保存 1 年。

表 3-4 预装混合试剂及方法（试剂）标识

测定方法	测定范围/(mg/L)	重铬酸钾溶液用量/mL	硫酸汞溶液用量/mL	硫酸银-硫酸溶液用量/mL	消解管规格
比色池（皿）分光光度法	高量程 100～1000	1.00 [$c(1/6K_2Cr_2O_7)$=0.500mol/L]	0.50	6.00	φ20mm×120mm
					φ16mm×150mm
	低量程 15～250 或 15～150	1.00 [$c(1/6K_2Cr_2O_7)$=0.160mol/L 或 0.120mol/L]	0.50	6.00	φ20mm×120mm
					φ16mm×150mm

续表

<table>
<tr><th>测定方法</th><th>测定范围
/(mg/L)</th><th>重铬酸钾溶液
用量/mL</th><th>硫酸汞溶液
用量/mL</th><th>硫酸银-硫酸
溶液用量/mL</th><th>消解管规格</th></tr>
<tr><td rowspan="4">比色管分光光度法</td><td rowspan="2">高量程 100～1000</td><td colspan="2" rowspan="2">1.00
{重铬酸钾溶液[$c(1/6K_2Cr_2O_7)$=0.500mol/L]+硫酸汞溶液[$\rho(HgSO_4)$=0.24g/mL]}[2+1]</td><td rowspan="2">4.00</td><td>φ16mm×120mm</td></tr>
<tr><td>φ16mm×100mm</td></tr>
<tr><td rowspan="2">低量程 15～150</td><td colspan="2" rowspan="2">1.00
{重铬酸钾溶液[$c(1/6K_2Cr_2O_7)$=0.120mol/L]+硫酸汞溶液[$\rho(HgSO_4)$=0.24g/mL]}[2+1]</td><td rowspan="2">4.00</td><td>φ16mm×120mm</td></tr>
<tr><td>φ16mm×100mm</td></tr>
</table>

注：1. 比色池（皿）分光光度法的消解管可选用 φ20mm×120mm 或 φ16mm×150mm 规格的密封管，宜选 φ20mm×120mm 规格的密封管；而在非密封条件下消解时应使用 φ20mm×150mm 的消解管。

2. 比色管分光光度法的消解管可选用 φ16mm×120mm 或 φ16mm×100mm 规格的密封消解比色管，宜选 φ16mm×120mm 规格的密封消解比色管；而非密封条件下消解时，应使用 φ16mm×150mm 的消解比色管。

3. φ16mm×120mm 密封消解比色管冷却效果较好。

(9) 邻苯二甲酸氢钾 [$C_6H_4(COOH)(COOK)$]：基准级或优级纯。1mol 邻苯二甲酸氢钾 [$C_6H_4(COOH)(COOK)$] 可以被 30mol 重铬酸钾（$1/6K_2Cr_2O_7$）完全氧化，其化学需氧量相当于 30mol 的氧（1/2O）。

(10) 不同质量浓度的邻苯二甲酸氢钾 COD 标准贮备液配制方法如下：

① COD 值为 5000mg/L。将邻苯二甲酸氢钾（基准级或优级纯）在 105～110℃下干燥至恒重后，称取 2.1274g 溶于 250mL 水中，转移此溶液于 500mL 容量瓶中，用水稀释至标线，摇匀。此溶液在 2～8℃下贮存或在定容前加入约 10mL 硫酸溶液（1+9），常温贮存，可稳定保存一个月。

② COD 值为 1250mg/L。量取 50.00mL COD 标准贮备液（COD 值 5000mg/L）置于 200mL 容量瓶中，用水稀释至标线，摇匀。此溶液在 2～8℃下贮存，可稳定保存一个月。

③ COD 值为 625mg/L。量取 25.00mL COD 标准贮备液（COD 值 5000mg/L）置于 200mL 容量瓶中，用水稀释至标线，摇匀。此溶液在 2～8℃下贮存，可稳定保存一个月。

(11) 不同量程的邻苯二甲酸氢钾 COD 标准系列使用液配制方法如下：

① 高量程（测定上限 1000mg/L）COD 标准系列使用液：COD 值分别为 100mg/L、200mg/L、400mg/L、600mg/L、800mg/L 和 1000mg/L。

分别量取 5.00mL、10.00mL、20.00mL、30.00mL、40.00mL 和 50.00mL 的 COD 标准贮备液（COD 值 5000mg/L），加入到相应的 250mL 容量瓶中，用水定容至标线，摇匀。此溶液在 2～8℃下贮存，可稳定保存一个月。

② 低量程（测定上限 250mg/L）COD 标准系列使用溶液：COD 值分别为 25mg/L、50mg/L、100mg/L、150mg/L、200mg/L 和 250mg/L。

分别量取 5.00mL、10.00mL、20.00mL、30.00mL、40.00mL 和 50.00mLCOD 标准储备液（COD 值 1250mg/L），加入到相应的 250mL 容量瓶中，用水稀释至标线，摇匀。此溶液在 2～8℃下贮存，可稳定保存一个月。

③ 低量程（测定上限 150mg/L）COD 标准系列使用溶液：COD 值分别为 25mg/L、50mg/L、75mg/L、100mg/L、125mg/L 和 150mg/L。

分别量取10.00mL、20.00mL、30.00mL、40.00m L、50.00mL和60.00mL COD标准贮备液（COD值625mg/L）加入到相应的250mL容量瓶中，用水稀释至标线，摇匀。此溶液在2～8℃下贮存，可稳定保存一个月。

（12）硝酸银溶液：$c(AgNO_3)=0.1mol/L$。将17.1g硝酸银溶于1000mL水。

（13）铬酸钾溶液：$\rho(K_2CrO_4)=50g/L$。将5.0g铬酸钾溶解于少量水中，滴加硝酸银溶液［$c(AgNO_3)=0.1mol/L$］至有红色沉淀生成，摇匀，静置12h，过滤并用水将滤液稀释至100mL。

4. 样品采集、保存与制备

1）水样采集与保存

水样采集不应少于100mL，应保存在洁净的玻璃瓶中。采集好的水样应在24h内测定，否则应加入硫酸［$\rho(H_2SO_4)=1.84g/mL$］调节水样pH值≤2。在0～4℃保存，一般可保存7d。

2）水样制备

（1）水样氯离子的测定。在试管中加入2.00mL水样，再加入0.5mL硝酸银溶液［$c(AgNO_3)=0.1mol/L$］，充分混合，最后加入2滴铬酸钾溶液［$\rho(K_2CrO_4)=50g/L$］，摇匀，如果溶液变红，则氯离子质量浓度低于1000mg/L；如果仍为黄色，则氯离子质量浓度高于1000mg/L。

（2）水样的稀释。应在水样搅拌均匀时取样稀释，一般取被稀释水样不少于10mL，稀释倍数小于10倍。水样应逐次稀释为试样。初步判定水样的COD，选择对应量程的预装混合试剂，加入相应体积的试样，摇匀，在165℃±2℃加热5min，检查管内溶液是否呈现绿色，如变绿应重新稀释后再进行测定。

5. 实验条件

（1）分析测定的条件见表3-5。宜选用比色管分光光度法测定水样中的COD。

表3-5 分析测定条件

测定方法	测定范围/(mg/L)	试样用量/mL	比色池(皿)[1]或比色管[2]规格	测定波长	检出限/(mg/L)
比色池(皿)分光光度法	高量程 100～1000	3.00	20mm	600nm±20nm	22
	低量程 15～250 或 15～150	3.00	10mm	440nm±20nm	3.0
比色管分光光度法	高量程 100～1000	3.00	φ16mm×120mm	600nm±20nm	33
			φ16mm×100mm		
	低量程 15～150	3.00	φ16mm×120mm	440nm±20nm	2.3
			φ16mm×100mm		

① 长方形比色池（皿）。

② 比色管为密封管，外径φ16mm、壁厚1.3mm、长120mm的密封消解比色管消解时冷却效果较好。

（2）比色池（皿）分光光度法选用φ20mm×150mm规格的消解管时，消解可在非密封条件下进行。

（3）比色管分光光度法选用φ16mm×150mm规格的消解比色管时，消解可在非密封条件下进行。

6. 实验步骤

1）校准曲线的绘制

（1）打开加热器，预热到设定的165℃±2℃。

（2）选定预装混合试剂，摇匀试剂后再拧开消解管管盖。

（3）量取相应体积的COD标准系列溶液（试样）沿到管内壁慢慢加入到管中。

（4）拧紧消解管管盖，手执管盖颠倒摇匀消解管中溶液，用无毛纸擦净管外壁。

（5）将消解管放入165℃±2℃的加热器的加热孔中，加热器温度略有降低，待温度升到设定的165℃±2℃时，计时加热15min。

（6）从加热器中取出消解管，待消解管冷却至60℃左右时，手执管盖颠倒摇动消解管几次，使管内溶液均匀，用无毛纸擦净管外壁，静置，冷却至室温。

（7）高量程方法在600nm±20nm波长处，以水为参比液，用光度计测定吸光度值。低量程方法在440nm±20nm波长处，以水为参比液，用光度计测定吸光度值。

（8）高量程COD标准系列使用溶液COD值对应其测定的吸光度值减去空白实验测定的吸光度值的差值，绘制校准曲线。低量程COD标准系列使用溶液COD值对应空白实验测定的吸光度值减去其测定的吸光度值的差值，绘制校准曲线。

2）空白实验

用水代替试样，按照校准曲线的绘制步骤测定其吸光度值，空白实验应与试样同时测定。

3）试样的测定

（1）按照表3-4和表3-5的方法的要求选定对应的预装混合试剂，已稀释好的试样在搅拌均匀后，取相应体积的试样。

（2）按照“实验步骤”中“校准曲线的绘制”的步骤进行测定。

（3）若试样中含有氯离子时，选用含汞预装混合试剂进行氯离子的掩蔽。在加热消解前，应颠倒摇动消解管，使氯离子同Ag_2SO_4易形成的AgCl白色乳状块消失。

（4）若消解液浑浊或有沉淀，影响比色测定时，应用离心机离心变清后，再用光度计测定。消解液颜色异常或离心后不能变澄清的样品不适用本测定方法。

（5）若消解管底部有沉淀影响比色测定时，应小心将消解管中上清液转入比色池（皿）中测定。

（6）测定的COD值由相应的校准曲线查得或由光度计自动计算得出。

7. 实验结果

在600nm±20nm波长处测定时，水样COD的计算如下：

$$\rho(\mathrm{COD})=n[k(A_s-A_b)+a] \tag{3-3}$$

在440nm±20nm波长处测定时，水样COD的计算如下：

$$\rho(\mathrm{COD})=n[k(A_b-A_s)+a] \tag{3-4}$$

式中　$\rho(\mathrm{COD})$——水样COD值，mg/L；

n——水样稀释倍数；

k——校准曲线灵敏度，mg/L；

A_s——试样测定的吸光度值，1；

A_b——空白实验测定的吸光度值，1；

a——校准曲线截距，mg/L。

注：COD 测定值一般保留 3 位有效数字。

三、实验报告

（1）包含实验目的和意义、原始实验数据记录表、实验数据的处理、实验结果的分析与讨论、实验结论。

（2）实验报告要工整。

四、思考题

（1）测定水样时，为什么要做空白校正？

（2）加入硫酸银的目的是什么？

（3）加入玻璃珠的目的是什么？

（4）解释在滴定过程中溶液颜色由黄→黄绿→亮绿→棕褐色（终点）变化的原因。

实验 15　水质　高锰酸盐指数的测定

一、实验目的

（1）了解高锰酸盐指数的含义。

（2）掌握氧化-还原滴定法测定水中高锰酸盐指数的原理及方法。

二、方法要点

本方法适用于饮用水、水源水和地面水的测定，测定范围为 0.5～4.5mg/L。对污染较重的水，可少取水样，经适当稀释后测定，不适用于测定工业废水中有机污染的负荷量，如需测定，可用重铬酸钾法测定化学需氧量。

样品中无机还原性物质如 NO_2^-、S^{2-} 和 Fe^{2+} 等可被测定。氯离子浓度高于 300mg/L 时，采用在碱性介质中氧化的测定方法。

样品中加入已知量的高锰酸钾和硫酸，在沸水浴中加热 30min，高锰酸钾将样品中的某些有机物和无机还原性物质氧化，反应后加入过量的草酸钠还原剩余的高锰酸钾，再用高锰酸钾标准溶液回滴过量的草酸钠。通过计算得到样品中高锰酸盐指数。

三、仪器和试剂

1. 仪器

常用的实验室仪器和下列仪器。

（1）水浴或相当的加热装置：有足够的容积和功率。

（2）酸式滴定管，25mL。

注： 新的玻璃器皿必须用酸性高锰酸钾溶液清洗干净。

2. 试剂

除另有说明，均使用符合国家标准或专业标准的分析纯试剂和蒸馏水或同等纯度的水，不得使用去离子水。

（1）不含还原性物质的水：将1L蒸馏水置于全玻璃蒸馏器中，加入10mL硫酸（1+3）和少量高锰酸钾溶液，蒸馏。弃去100mL初馏液，余下馏出液贮于具玻璃塞的细口瓶中。

（2）硫酸（H_2SO_4）：$\rho=1.84$g/mL。

（3）硫酸溶液（1+3）：在不断搅拌下，将100mL硫酸（$\rho=1.84$g/mL）慢慢加入到300mL水中。趁热加入数滴高锰酸钾溶液直至溶液出现粉红色。

（4）氢氧化钠溶液（500g/L）：称取50g氢氧化钠溶于水并稀释至100mL。

（5）草酸钠标准贮备液：$c(1/2Na_2C_2O_4)=0.1000$mol/L。称取0.6705g经120℃烘干2h并放冷的草酸钠（$Na_2C_2O_4$）溶于水中，移入100mL容量瓶中，用水稀释至标线，混匀，置于4℃保存。

（6）草酸钠标准溶液：$c_1(1/2Na_2C_2O_4)=0.0100$mol/L。吸取10.00mL草酸钠贮备液于100mL容量瓶中，用水稀释至标线，混匀。

（7）高锰酸钾标准贮备液：$c_2(1/5KMnO_4)\approx0.1$mol/L。称取3.2g高锰酸钾溶于水并稀释至1000mL，于90～95℃水浴中加热此溶液2h，冷却。存放两天后，倾出清液，贮于棕色瓶中。

（8）高锰酸钾标准溶液：$c_3(1/5KMnO_4)\approx0.01$mol/L。吸取100mL高锰酸钾标准贮备液于1000mL容量瓶中，用水稀释至标线，混匀。此溶液在暗处可保存几个月，使用当天标定其浓度。

四、样品保存

采样后要加入硫酸溶液（1+3），使样品pH为1～2并尽快分析。如保存时间超过6h，则须置于暗处，0～5℃下保存，不得超过2天。

五、实验步骤

（1）吸取100.0mL经充分摇动、混合均匀的样品（或分取适量，用水稀释至100mL），置于250mL锥形瓶中，加入（5±0.5)mL硫酸溶液（1+3），用滴定管加入10.00mL高锰酸钾标准溶液，摇匀。将锥形瓶置于沸水浴内（30±2）min（水浴沸腾开始计时）。

（2）取出后用滴定管加入10.00mL草酸钠标准溶液至溶液变为无色。趁热用高锰酸钾标准溶液滴定至刚出现粉红色，并保持30s不褪色。记录消耗的高锰酸钾标准溶液的体积。

（3）空白实验：用100mL水代替样品，按实验步骤（1）（2）测定，记录下回滴的高锰酸钾标准溶液的体积。

（4）向空白实验滴定后的溶液中加入10.00mL草酸钠标准溶液。如果需要，将溶液加热至80℃。用高锰酸钾标准溶液继续滴定至刚出现粉红色，并保持30s不褪色。记录下消耗的高锰酸钾标准溶液的体积。

注：①沸水浴的水面要高于锥形瓶内的液面。②样品量以加热氧化后残留的高锰酸钾标准溶液为其加入量的1/2～1/3为宜。加热时，如溶液红色褪去，说明高锰酸钾标准溶液用量不够，须重新取样，经稀释后测定。③滴定时温度低于60℃时，反应速度缓慢，应加热至80℃左右。④沸水浴温度为98℃。如在高原地区，报出数据时，须注明水的沸点。

六、实验结果

高锰酸盐指数（I_{Mn}）以每升样品消耗氧（O_2）的质量（mg/L）来表示，按下式计算。

$$I_{M_n}=\frac{\left[(10+V_1)\times\frac{10}{V_2}-10\right]\times c\times 8\times 1000}{100} \tag{3-5}$$

式中　V_1——实验步骤（2）中样品滴定消耗高锰酸钾标准溶液的体积，mL；

V_2——实验步骤（4）中消耗的高锰酸钾标准溶液的体积，mL；

c——草酸钠标准溶液的物质的量浓度，mol/L。

如样品经稀释后测定，按下式计算。

$$I_{M_n}=\frac{\left\{\left[(10+V_1)\times\frac{10}{V_2}-10\right]-\left[(10+V_0)\times\frac{10}{V_2}-10\right]\times f\right\}\times c\times 8\times 1000}{V_3} \tag{3-6}$$

式中　V_0——实验步骤（3）空白实验中消耗的高锰酸钾标准溶液的体积，mL；

V_3——实验步骤（1）（2）测定时，所取的样品体积，mL；

f——稀释样品时，蒸馏水在100mL测定用体积内所占比例。例如：10mL样品用水稀释至100mL，则$f=(100-10)/100=0.9$。

七、实验报告

（1）包含实验目的和意义、原始实验数据记录表、实验数据的处理、实验结果的分析与讨论、实验结论。

（2）实验报告要工整。

八、思考题

（1）测定水高锰酸盐指数有何意义？

（2）测定水高锰酸盐指数时，水样如何保存？

实验16　水质　五日生化需氧量（BOD_5）的测定——稀释与接种法

一、实验目的

（1）掌握用稀释与接种法测定五日生化需氧量（BOD_5）的基本原理和方法。

（2）熟悉溶解氧测定仪的使用方法。

（3）深刻理解生化需氧量的含义。

二、方法要点

本方法适用于地表水、工业废水和生活污水中五日生化需氧量（BOD_5）的测定。

方法的检出限为0.5mg/L，方法的测定下限为2mg/L，非稀释法和非稀释接种法的测定上限为6mg/L，稀释与稀释接种法的测定上限为6000mg/L。

生化需氧量是指在规定的条件下，微生物分解水中的某些可氧化的物质，特别是分解有机物的生物化学过程消耗的溶解氧。通常情况下是指水样充满完全密闭的溶解氧瓶，在(20±1)℃的暗处培养到5d±4h或(2+5)d±4h［先在0～4℃的暗处培养2d，接着在(20±1)℃的暗处培养5d，即培养(2+5)d］，分别测定培养前后水样中溶解氧的质量浓度，培养前后溶解氧的质量浓度之差，即所测样品的BOD_5(mg/L)。

若样品中的有机物含量较多，BOD_5大于6mg/L，样品须适当稀释后测定；对不含或含微生物少的工业废水，如酸性废水、碱性废水、高温废水、冷冻保存的废水或经过氧化处理等的废水，在测定BOD_5时应进行接种，以引进能分解废水中有机物的微生物。当废水中存在难以被一般生活污水中的微生物以正常的速度降解的有机物或含有剧毒物质时，应将驯化后的微生物引入水样中进行接种。

三、仪器、设备和试剂

1. 仪器、设备

（1）滤膜：孔径为1.6μm。

（2）溶解氧瓶：带水封装置，容积250～300mL。

（3）稀释容器：1000～2000mL的量筒或容量瓶。

（4）虹吸管：供分取水样或添加稀释水。

（5）溶解氧测定仪。

（6）冰箱：有冷冻和冷藏功能。

（7）带风扇的恒温培养箱(20±1)℃。

（8）曝气装置：多通道空气泵或其他曝气装置。曝气如果带来空气污染，空气应过滤清洗。

2. 试剂

本标准所用试剂除非另有说明，分析时均使用符合国家标准的分析纯化学试剂。

（1）水：实验用水为符合GB/T 6682—2008规定的三级蒸馏水，且水中铜离子的质量浓度不大于0.01mg/L，不含有氯或氯胺等物质。

（2）磷酸盐缓冲溶液。将8.5g磷酸二氢钾（KH_2PO_4）、21.8g磷酸氢二钾（K_2HPO_4）、33.4g七水合磷酸氢二钠（$Na_2HPO_4 \cdot 7H_2O$）和1.7g氯化铵（NH_4Cl）溶于水中，稀释至1000mL。此溶液的pH值为7.2，在0～4℃可稳定保存6个月。

（3）硫酸镁溶液：$\rho(MgSO_4)=11.0g/L$。将22.5g七水合硫酸镁（$MgSO4 \cdot 7H_2O$）溶于水中，稀释至1000mL。此溶液在0～4℃可稳定保存6个月，若发现任何沉淀或微生物生长应弃去。

(4) 氯化钙溶液：$\rho(CaCl_2)=27.6g/L$。将27.6g无水氯化钙（$CaCl_2$）溶于水中，稀释至1000mL。此溶液在0～4℃可稳定保存6个月，若发现任何沉淀或微生物生长应弃去。

(5) 氯化铁溶液：$\rho(FeCl_3)=0.15g/L$。将0.25g六水合氯化铁（$FeCl_3 \cdot 6H_2O$）溶于水中，稀释至1000mL。此溶液在0～4℃可稳定保存6个月，若发现任何沉淀或微生物生长应弃去。

(6) 盐酸溶液：$c(HCl)=0.5mol/L$。将40mL浓盐酸溶于水中，稀释至1000mL。

(7) 氢氧化钠溶液：$c(NaOH)=0.5mol/L$。将20g氢氧化钠溶于水中，稀释至1000mL。

(8) 亚硫酸钠溶液：$c(Na_2SO_3)=0.025mol/L$。将1.575g亚硫酸钠（Na_2SO_3）溶于水中，稀释至1000mL。此溶液不稳定，需现用现配。

(9) 葡萄糖-谷氨酸标准溶液。将葡萄糖（$C_6H_{12}O_6$，优级纯）和谷氨酸（$HOOC\text{-}CH_2\text{-}CH_2\text{-}CHNH_2\text{-}COOH$，优级纯）在130℃干燥1h，各称取150mg溶于水中，在1000mL容量瓶中稀释至标线。此溶液的BOD_5为（210±20)mg/L，现用现配。该溶液也可少量冷冻保存，融化后立刻使用。

(10) 丙烯基硫脲硝化抑制剂：$\rho(C_4H_8N_2S)=1.0g/L$。溶解0.20g丙烯基硫脲（$C_4H_8N_2S$）于200mL水中混合，4℃保存，此溶液可稳定保存14d。

(11) 乙酸溶液，1+1。

(12) 碘化钾溶液：$\rho(KI)=100g/L$。将10g碘化钾溶于水中，稀释至100mL。

(13) 淀粉溶液：$\rho=5g/L$。将0.50g淀粉溶于水中，稀释至100mL。

(14) 稀释水。在5～20L的玻璃瓶中加入一定量的水，控制水温在（20±1)℃，用曝气装置至少曝气1h，使稀释水中的溶解氧达到8mg/L以上。使用前每升水中加入氯化钙溶液、氯化铁溶液、硫酸镁溶液、磷酸盐缓冲溶液各1.0mL，混匀，20℃保存。稀释水使用前须开口放置1h，且应在24h内使用。剩余的稀释水应弃去。

(15) 接种液。可选用以下任一方法获得适用的接种液。

① 未被工业废水污染的生活污水：COD不大于300mg/L，总有机碳（TOC）不大于100mg/L。

② 含城镇污水的河水或湖水。

③ 污水处理厂的出水。

④ 驯化接种液。分析含有难降解物质的工业废水时，在其排污口下游3～8km处取水样作为废水的驯化接种液。也可取中和或经适当稀释后的废水进行连续曝气，每天加入少量该种废水，同时加入少量生活污水，使适应该种废水的微生物大量繁殖。当水中出现大量的絮状物时，表明微生物已繁殖，可用作接种液。一般驯化过程需3～8d。

(16) 接种稀释水。根据接种液的来源不同，每升稀释水中加入适量接种液。生活污水和污水处理厂出水加1～10mL，河水或湖水加10～100mL，将接种稀释水存放在（20±1)℃的环境中，当天配制当天使用。接种的稀释水pH值为7.2，BOD_5应小于1.5mg/L。

四、样品采集、保存与前处理

1. 样品采集与保存

样品采集按照《地表水环境质量监测技术规范》的相关规定执行。

采集的样品应充满并密封于棕色玻璃瓶中，样品量不小于 1000mL，在 0～4℃的暗处运输和保存，并于 24h 内尽快分析。24h 内不能分析可冷冻保存（冷冻保存时避免样品瓶破裂），冷冻样品分析前须解冻、均质化和接种。

2. 样品的前处理

1）pH 值调节

若样品或稀释后样品 pH 值不在 6～8 范围内，用盐酸溶液或氢氧化钠溶液调节其 pH 值至 6～8。

2）余氯和结合氯的去除

若样品中含有少量余氯，一般在采样后放置 1～2h，游离氯即可消失。对在短时间内不能消失的余氯，可加入适量亚硫酸钠溶液去除样品中存在的余氯和结合氯，加入的亚硫酸钠溶液的量由下述方法确定。

取已中和好的水样 100mL，加入乙酸溶（1+1）10mL、碘化钾溶液 1mL，混匀，暗处静置 5min。用亚硫酸钠溶液滴定析出的碘至淡黄色，加入 1ml 淀粉溶液呈蓝色。再继续滴定至蓝色刚刚褪去，即终点，记录所用亚硫酸钠溶液体积，由亚硫酸钠溶液消耗的体积，计算出水样中应加亚硫酸钠溶液的体积。

3）样品均质化

含有大量颗粒物、需要较大稀释倍数的样品或经冷冻保存的样品，测定前均须将样品搅拌均匀。

4）样品中有藻类

若样品中有大量藻类存在，BOD_5 的测定结果会偏高。当分析结果精度要求较高时，测定前应用滤孔为 1.6μm 的滤膜过滤，检测报告中注明滤膜滤孔的大小。

5）含盐量低的样品

若样品含盐量低，非稀释样品的电导率小于 125μS/cm 时，须加入适量相同体积的四种盐溶液，使样品的电导率大于 125μS/cm。每升样品中至少需加入各种盐的体积 V 按下式计算：

$$V=(\Delta K-128)/113.6 \tag{3-7}$$

式中　V——需加入各种盐的体积，mL；

ΔK——样品需要提高的电导率值，μS/cm。

五、实验步骤

1. 不经稀释水样的测定

溶解氧含量较高、有机物含量较少的地表水，可不经稀释，直接以虹吸法将约（20±1)℃的混匀水样转移至两个溶解氧瓶内，转移过程应注意不使其产生气泡，使溶解氧瓶充满水样后溢出少许，加塞水封。若水样中含有硝化细菌，须在每升水样中加入 2mL 丙烯基硫脲硝化抑制剂。立即测定其中一瓶溶解氧，将另一瓶放入恒温培养箱中，在（20±1)℃培养 5d，测其溶解氧。

2. 经稀释水样的测定

若试样中的有机物含量较多，BOD_5 大于 6mg/L，且样品中有足够的微生物，采用稀释法测定；若试样中的有机物含量较多，BOD_5 大于6mg/L，但试样中无足够的微生物，采用稀释接种法测定。

1）稀释倍数的确定

稀释倍数可根据样品的TOC、高锰酸钾指数（I_{Mn}）或COD的测定值，按照表3-6列出的BOD_5与上述参数的比值R估计样品的BOD_5期望值，再根据表3-7确定稀释倍数。一个样品做2～3个不同的稀释倍数。

表3-6 典型的比值R

水样类型	BOD_5/TOC	BOD_5/I_{Mn}	BOD_5/COD_{Cr}
未处理的废水	1.2～2.8	1.2～1.5	0.35～0.65
生化处理的废水	0.3～1.0	0.5～1.2	0.20～0.35

由表3-6中选择适当的R值，按下式计算BOD_5的期望值：

$$\rho = RY \tag{3-8}$$

式中 ρ——BOD_5的期望值，mg/L；

Y——TOC、I_{Mn}或COD的值，mg/L。

由估算出的BOD_5的期望值，按表3-7确定样品的稀释倍数。

表3-7 测定BOD_5的稀释倍数

BOD_5的期望值/(mg/L)	稀释倍数	水样类型
6～20	2	河水，生物净化的生活污水
10～30	5	河水，生物净化的生活污水
20～30	10	生物净化的生活污水
40～120	20	澄清的生活污水或轻度污染的工业废水
100～300	50	轻度污染的工业废水或原生活污水
200～600	100	轻度污染的工业废水或原生活污水
400～1200	200	重度污染的工业废水或原生活污水
1000～3000	500	重度污染的工业废水
2000～6000	1000	重度污染的工业废水

2）样品的稀释

按照确定的稀释倍数，用虹吸管沿筒壁先引入部分稀释水（或接种稀释水）于稀释容器中，加入需要体积的均匀水样，再引入部分稀释水（或接种稀释水）至刻度，轻轻混匀，避免残留气泡。若稀释倍数超过100倍，可进行两步或多步稀释。

若试样中有微生物毒性物质，一个试样要做两个以上不同的稀释倍数，每个试样每个稀释倍数做平行双样同时进行培养。测定培养过程中每瓶试样氧的消耗量，并画出氧消耗量对每一稀释倍数试样中原样品的体积曲线。

若此曲线呈线性，则此试样中不含有任何抑制微生物的物质，即样品的测定结果与稀释倍数无关；若曲线仅在低浓度范围内呈线性，取线性范围内稀释比的试样测定结果计算平均

BOD_5 值。

3）测定

按不经稀释水样的测定步骤，进行装瓶，测定当天溶解氧和培养 5d 后的溶解氧。

4）空白试样

另取两个溶解氧瓶，用虹吸法装满稀释水（或接种稀释水）作为空白，分别测定 5d 前后的溶解氧含量。

六、实验结果

1. 非稀释法

非稀释法按下式计算样品 BOD_5 的测定结果：

$$\rho=\rho_1-\rho_2 \tag{3-9}$$

式中　ρ——五日生化需氧量，mg/L；

ρ_1——水样在培养前的溶解氧质量浓度，mg/L；

ρ_2——水样在培养后的溶解氧质量浓度，mg/L。

2. 非稀释接种法

非稀释接种法按下式计算样品 BOD_5 的测定结果：

$$\rho=(\rho_1-\rho_2)-(\rho_3-\rho_4) \tag{3-10}$$

式中　ρ——五日生化需氧量，mg/L；

ρ_1——接种水样在培养前的溶解氧质量浓度，mg/L；

ρ_2——接种水样在培养后的溶解氧质量浓度，mg/L；

ρ_3——空白样在培养前的溶解氧质量浓度，mg/L；

ρ_4——空白样在培养后的溶解氧质量浓度，mg/L。

3. 稀释与接种法

稀释法与稀释接种法按下式计算样品 BOD_5 的测定结果：

$$P=\frac{(\rho_1-\rho_2)-(\rho_3-\rho_4)f_1}{f_2} \tag{3-11}$$

式中　ρ——五日生化需氧量，mg/L；

ρ_1——接种稀释水样在培养前的溶解氧质量浓度，mg/L；

ρ_2——接种稀释水样在培养后的溶解氧质量浓度，mg/L；

ρ_3——空白样在培养前的溶解氧质量浓度，mg/L；

ρ_4——空白样在培养后的溶解氧质量浓度，mg/L；

f_1——接种稀释水或稀释水在培养液中所占比例；

f_2——原样品在培养液中所占比例。

BOD_5 测定结果以氧的质量浓度（mg/L）报出。对稀释与接种法，如果有几个稀释倍数的结果，凡消耗溶解氧大于 2mg/L 和剩余溶解氧大于 1mg/L 的结果都有效，结果取这些稀释倍数结果的平均值。结果小于 100mg/L，保留一位小数；结果在 100～1000mg/L 之间，取整数位；结果大于 1000mg/L 以科学记数法报出。实验报告中应注明样品是否经过过滤、冷冻或均质化处理。

七、质量保证与质量控制

1. 空白试样

每一批样品做两个分析空白试样，稀释法空白试样的测定结果不能超过 0.5mg/L，非稀释接种法和稀释接种法空白试样的测定结果不能超过 1.5mg/L，否则应检查可能的污染来源。

2. 接种液、稀释水质量的检查

每一批样品要求做一个标准样品，样品的配制方法如下：取 20mL 葡萄糖-谷氨酸标准溶液于稀释容器中，用接种稀释水稀释至 1000mL，测定 BOD_5 结果应在 180～230mg/L 的范围，否则应检查接种液、稀释水的质量。

3. 平行样品

每一批样品至少做一组平行样，计算相对百分偏差 RP。当 BOD_5 小于 3mg/L 时，RP 值应≤±15%；当 BOD_5 为 3～100mg/L 时，RP 值应≤±20%；当 BOD_5 大于 100mg/L 时，RP 值应≤±25%。计算公式如下：

$$RP=\frac{\rho_1-\rho_2}{\rho_1+\rho_2}\times 100 \tag{3-12}$$

式中 RP——相对百分偏差，%；

ρ_1——第一个样品的 BOD_5，mg/L；

ρ_2——第二个样品的 BOD_5，mg/L。

八、注意事项

（1）丙烯基硫脲属于有毒化合物，操作时应按规定要求佩戴防护器具，避免接触皮肤和衣服。

（2）标准溶液的配制应在通风橱内进行操作。

九、实验报告

（1）包含实验目的和意义、原始实验数据记录表、实验数据的处理、实验结果的分析与讨论、实验结论。

（2）实验报告要工整。

十、思考题

（1）利用稀释法测定 BOD_5 时，为什么使用虹吸法？

（2）利用稀释法测定 BOD_5 时，根据水样的哪些指标确定稀释倍数？确定的依据是什么？

（3）如何根据水样特点，确定水样中 BOD_5 的测定方法？

实验17 水质 氨氮的测定

一、实验目的

（1）深刻理解氨氮的含义，掌握其测定的环境意义。

（2）掌握纳氏试剂分光光度法和水杨酸分光光度法测定水中氨氮的方法及操作步骤。

二、实验方法

（一）纳氏试剂分光光度法

1. 方法要点

注： 二氯化汞（$HgCl_2$）和碘化汞（HgI_2）为剧毒物质，避免经皮肤和口腔接触。

本方法适用于地表水、地下水、生活污水和工业废水中氨氮的测定。

当水样体积为50mL，使用20mm比色皿时，本方法的检出限为0.025mg/L，测定下限为0.10mg/L，测定上限为2.0mg/L（均以N计）。

以游离态的氨或铵离子等形式存在的氨氮与纳氏试剂反应生成淡红棕色络合物，该络合物的吸光度与氨氮含量成正比，于波长420nm处测量吸光度。

2. 干扰及消除

水样中含有悬浮物、余氯、钙镁等金属离子，硫化物和有机物时会产生干扰，含有此类物质时要做适当处理，以消除对测定的影响。

若样品中存在余氯，可加入适量的硫代硫酸钠溶液去除，用淀粉-碘化钾试纸检验余氯是否除尽。在显色时加入适量的酒石酸钾钠溶液，可消除钙镁等金属离子的干扰。若水样浑浊或有颜色时可用预蒸馏法或絮凝沉淀法处理。

3. 仪器、设备、试剂和材料

1）仪器、设备

（1）可见分光光度计：具20mm比色皿。

（2）氨氮蒸馏装置：由500mL凯式烧瓶、氮球、直形冷凝管和导管组成，冷凝管末端可连接一段适当长度的滴管，使出口尖端浸入吸收液液面下。亦可使用500mL蒸馏烧瓶。

2）试剂、材料

除非另有说明，分析时所用试剂均为符合国家标准的分析纯化学试剂，实验用水是按如下方法制备的无氨水。使用经过检定的容量器皿和量器。

（1）无氨水，在无氨环境中用下述方法之一制备。

① 离子交换法。蒸馏水通过强酸性阳离子交换树脂（氢型）柱，将流出液收集在带有磨口玻璃塞的玻璃瓶内。每升流出液加10g同样的树脂，以利于保存。

② 蒸馏法。在1000mL的蒸馏水中，加0.1mL硫酸（ρ=1.84g/mL），在全玻璃蒸馏器中重蒸馏，弃去前50mL馏出液，然后将约800mL馏出液收集在带有磨口玻璃塞的玻璃瓶内。每升馏出液加10g强酸性阳离子交换树脂（氢型）。

③ 纯水器法。用市售纯水器直接制备。

(2) 轻质氧化镁 (MgO)：不含碳酸盐，在 500℃下加热氧化镁，以除去碳酸盐。

(3) 盐酸：$\rho(HCl)=1.18g/mL$。

(4) 纳氏试剂，可选择下列方法的一种配制。

① 二氯化汞-碘化钾-氢氧化钾 ($HgCl_2$-KI-KOH) 溶液。称取 15.0g 氢氧化钾 (KOH)，溶于 50mL 水中，冷至室温。称取 5.0g 碘化钾 (KI)，溶于 10mL 水中，在搅拌下将 2.50g 二氯化汞 ($HgCl_2$) 粉末分多次加入碘化钾溶液，直到溶液呈深黄色或出现淡红色沉淀溶解缓慢时，充分搅拌混合，并改为滴加二氯化汞饱和溶液，当出现少量朱红色沉淀不再溶解时，停止滴加。在搅拌下，将冷却的氢氧化钾溶液缓慢地加入二氯化汞和碘化钾的混合液中，并稀释至 100mL，于暗处静置 24h，倾出上清液，贮于聚乙烯瓶内，用橡皮塞或聚乙烯盖子盖紧，存放暗处，可稳定 1 个月。

② 碘化汞-碘化钾-氢氧化钠 (HgI_2-KI-NaOH) 溶液。称取 16.0g 氢氧化钠 (NaOH)，溶于 50mL 水中，冷至室温。称取 7.0g 碘化钾 (KI) 和 10.0g 碘化汞 (HgI_2)，溶于水中，在搅拌下将其缓慢加入 50mL 氢氧化钠溶液，用水稀释至 100mL，贮于聚乙烯瓶内，用橡皮塞或聚乙烯盖子盖紧，于暗处存放，有效期一年。

(5) 酒石酸钾钠溶液：$\rho=500g/L$。称取 50.0g 酒石酸钾钠 ($KNaC_4H_6O_6 \cdot 4H_2O$) 溶于 100mL 水中，加热煮沸以驱除氨，充分冷却后稀释至 100mL。

(6) 硫代硫酸钠溶液：$\rho=3.5g/L$。称取 3.5g 硫代硫酸钠 ($Na_2S_2O_3$) 溶于水中，稀释至 1000mL。

(7) 硫酸锌溶液：$\rho=100g/L$。称取 10.0g 硫酸锌 ($ZnSO_4 \cdot 7H_2O$) 溶于水中，稀释至 100mL。

(8) 氢氧化钠溶液：$\rho=250g/L$。称取 25g 氢氧化钠溶于水中，稀释至 100mL。

(9) 氢氧化钠溶液：$c(NaOH)=1mol/L$。称取 4g 氢氧化钠溶于水中，稀释至 100mL。

(10) 盐酸溶液：$c(HCl)=1mol/L$。称取 8.5mL 盐酸 ($\rho=1.18g/mL$) 于 100mL 容量瓶中，用水稀释至标线。

(11) 硼酸 (H_3BO_3) 溶液：$\rho=20g/L$。称取 20g 硼酸溶于水，稀释至 1L。

(12) 溴百里酚蓝指示剂：$\rho=0.5g/L$。称取 0.05g 溴百里酚蓝溶于 50mL 水中，加入 10mL 无水乙醇，用水稀释至 100mL。

(13) 淀粉-碘化钾试纸。称取 1.5g 可溶性淀粉于烧杯中，用少量水调成糊状，加入 200mL 沸水，搅拌混匀放冷。加 0.50g 碘化钾 (KI) 和 0.50g 碳酸钠 (Na_2CO_3)，用水稀释至 250mL。将滤纸条浸渍后，取出晾干，于棕色瓶中密封保存。

(14) 氨氮标准溶液。①氨氮标准贮备溶液：$\rho_N=1000\mu g/mL$。称取 3.8190g 氯化铵 (NH_4Cl，优级纯，在 100～105℃干燥 2h)，溶于水中，移入 1000mL 容量瓶中，稀释至标线，可在 2～5℃保存 1 个月；②氨氮标准工作溶液：$\rho_N=10\mu g/mL$。吸取 5.00mL 氨氮标准贮备溶液于 500mL 容量瓶中，稀释至刻度，临用前配制。

4. 样品采集、保存与预处理

1) 样品采集与保存

水样采集在聚乙烯瓶或玻璃瓶内，要尽快分析。如需保存，应加硫酸使水样酸化至 pH<2，2～5℃下可保存 7 天。

2）样品的预处理

（1）除余氯。若样品中存在余氯，可加入适量的硫代硫酸钠溶液去除。每加0.5mL可去除0.25mg余氯。用淀粉-碘化钾试纸检验余氯是否除尽。

（2）絮凝沉淀。100mL样品中加入1mL硫酸锌溶液和0.1～0.2mL氢氧化钠溶液（ρ=250g/L），调节pH约为10.5，混匀，放置使之沉淀，倾取上清液分析。必要时，用经水冲洗过的中速滤纸过滤，弃去初滤液20mL。也可对絮凝后样品离心处理。

（3）预蒸馏。将50mL硼酸溶液移入接收瓶内，确保冷凝管出口在硼酸溶液液面之下。分取250mL样品，移入烧瓶中，加几滴溴百里酚蓝指示剂，必要时，用氢氧化钠溶液[c(NaOH)=1 mol/L]或盐酸溶液调整pH至6.0（指示剂呈黄色）～7.4（指示剂呈蓝色）之间，加入0.25g轻质氧化镁及数粒玻璃珠，立即连接氮球和冷凝管。加热蒸馏，使馏出液速率约为10mL/min，待馏出液达200mL时，停止蒸馏，加水定容至250mL。

5. 实验步骤

1）校准曲线

在8个50mL比色管中，分别加入0.00mL、0.50mL、1.00mL、2.00mL、4.00mL、6.00mL、8.00mL和10.00mL氨氮标准工作溶液，其所对应的氨氮含量分别为0.0μg、5.0μg、10.0μg、20.0μg、40.0μg、60.0μg、80.0μg和100μg，加水至标线。加入1.0mL酒石酸钾钠溶液，摇匀，再加入纳氏试剂（$HgCl_2$-KI-KOH溶液或HgI_2-KI-NaOH溶液）1.5mL，摇匀。放置10min后，在波长420mm下，用20mm比色皿，以水作参比，测量吸光度。

以空白校正后的吸光度为纵坐标，以其对应的氨氮质量（μg）为横坐标，绘制校准曲线。

2）样品测定

（1）清洁水样：直接取50mL，按与“校准曲线”相同的步骤测量吸光度。

（2）有悬浮物或色度干扰的水样：取经预处理的水样50mL（若水样中氨氮浓度超过2mg/L，可适当少取水样），按与校准曲线相同的步骤测量吸光度。

注：经蒸馏或在酸性条件下煮沸预处理的水样，须加一定量氢氧化钠溶液[c(NaOH)=1mol/L]，调节水样至中性，用水稀释至50mL标线，再按与“校准曲线”相同的步骤测量吸光度。

3）空白实验

用水代替水样，按与样品相同的步骤进行前处理和测定。

6. 实验结果

水中氨氮的浓度按下式计算：

$$\rho_N=\frac{A_s-A_b-a}{bV} \tag{3-13}$$

式中 ρ_N——水样中氨氮的质量浓度（以氮计），mg/L；

A_s——水样的吸光度；

A_b——空白实验的吸光度；

a——校准曲线的截距；

b——校准曲线的斜率；

V——试样体积，mL。

7. 精密度和准确度

氨氮质量浓度为 1.21mg/L 的标准溶液，重复性限为 0.028mg/L，再现性限为 0.075mg/L，回收率在 94%～104%之间。

氨氮质量浓度为 1.47mg/L 的标准溶液，重复性限为 0.024mg/L，再现性限为 0.066mg/L，回收率在 95%～105%之间。

8. 质量保证与质量控制

（1）试剂空白的吸光度应不超过 0.030（10mm 比色皿）。

（2）纳氏试剂的配制。为了保证纳氏试剂有良好的显色能力，配制时务必控制 $HgCl_2$ 的加入量，至微量 HgI_2 红色沉淀不再溶解时为止。配制 100mL 纳氏试剂所需 $HgCl_2$ 与 KI 的用量之比约为 2.3∶5。在配制时为了加快反应速度、节省配制时间，可低温加热进行，防止 HgI_2 红色沉淀的提前出现。

（3）酒石酸钾钠的配制。分析纯酒石酸钾钠中铵盐含量较高时，仅加热煮沸或加纳氏试剂沉淀不能完全除去氨。可加入少量氢氧化钠溶液，煮沸蒸发掉溶液体积的 20%～30%，冷却后用无氨水稀释至原体积。

（4）絮凝沉淀。滤纸中含有一定量的可溶性铵盐，定量滤纸中含量高于定性滤纸，建议采用定性滤纸过滤。过滤前用无氨水少量多次淋洗（一般为 100mL），这样可减少或避免滤纸引入的测量误差。

（5）水样的预蒸馏。蒸馏过程中，某些有机物很可能与氨同时馏出，对测定有干扰，其中有些物质（如甲醛）可以在酸性条件（pH<1）下煮沸除去。在蒸馏刚开始时，氨气蒸出速度较快，加热不能过快，否则可能会造成水样暴沸，馏出液温度升高，氨吸收不完全。馏出液速率应保持在 10mL/min 左右。

（6）蒸馏器清洗。向蒸馏烧瓶中加入 350mL 水，加数粒玻璃珠，装好仪器，蒸馏收集至少 100mL 水，将馏出液及瓶内残留液弃去。

（二）水杨酸分光光度法

1. 方法要点

本方法适用于地下水、地表水、生活污水和工业废水中氨氮的测定。

当取样体积为 8.0mL，使用 10mm 比色皿时，检出限为 0.01mg/L，测定下限为 0.04mg/L，测定上限为 1.0mg/L（均以 N 计）。

当取样体积为 8.0mL，使用 30mm 比色皿时，检出限为 0.004mgL，测定下限为 0.016mg/L，测定上限为 0.25mg/L（均以 N 计）。

在碱性介质（pH=11.7）和亚硝基铁氰化钠存在下，水中的氨、铵离子与水杨酸盐和次氯酸离子反应生成蓝色化合物，在 697nm 处用分光光度计测量吸光度。

2. 干扰及消除

本方法用于水样分析时可能遇到干扰物质及限量。经实验，酒石酸盐和柠檬酸盐均可作为掩蔽剂使用。本方法采用酒石酸盐作掩蔽剂。按实验方法测定 4μg 氨氮时，表 3-8 中的离子量对实验无干扰。

表 3-8 共存离子及允许量

共存离子	允许量/μg	共存离子	允许量/μg	共存离子	允许量/μg
钙(Ⅱ)	500	钼(Ⅵ)	100	硼(Ⅲ)	250
镁(Ⅱ)	500	钴(Ⅱ)	50	硫酸根	2×10^4
铝(Ⅲ)	50	镍(Ⅱ)	1000	磷酸根	500
锰(Ⅱ)	20	铍(Ⅱ)	100	硝酸根	500
铜(Ⅱ)	250	钛(Ⅳ)	20	亚硝酸根	200
铅(Ⅱ)	50	钒(Ⅴ)	500	氟离子	500
锌(Ⅱ)	100	镧(Ⅲ)	500	氯离子	1×10^5
镉(Ⅱ)	50	铈(Ⅳ)	50	二苯胺	50
铁(Ⅲ)	250	钆(Ⅲ)	500	三乙醇胺	50
汞(Ⅱ)	10	银(Ⅰ)	50	苯胺	1
铬(Ⅵ)	200	锑(Ⅲ)	100	乙醇胺	1
钨(Ⅵ)	1000	锡(Ⅳ)	50		
铀(Ⅵ)	100	砷(Ⅲ)	100		

苯胺和乙醇胺产生的严重干扰不多见，干扰通常由伯胺产生。氯胺、过高的酸度、碱度以及含有使次氯酸根离子还原的物质时也会产生干扰。

如果水样的颜色过深、含盐量过多，酒石酸钾盐对水样中的金属离子掩蔽能力不够或水样中存在高浓度的钙、镁和氯化物时，需要预蒸馏。

3. 仪器、设备和试剂

1）仪器、设备

（1）可见分光光度计：10～30mm 比色皿。

（2）滴瓶：滴管滴出液 20 滴相当于 1mL。

（3）氨氮蒸馏装置：由 500mL 凯式烧瓶、氮球、直形冷凝管和导管组成，冷凝管末端可连接一段适当长度的滴管，使出口尖端浸入吸收液液面下。亦可使用蒸馏烧瓶。

（4）实验室常用玻璃器皿：所有玻璃器皿均应用清洗溶液仔细清洗，然后用水冲洗干净。

2）试剂

除非另有说明，分析时所用试剂均为符合国家标准的分析纯化学试剂，实验用水为按如下方法制备的无氨水，使用经过检定的容量器皿和量器。

（1）无氨水，同“纳氏试剂分光光度法”。

（2）乙醇：$\rho=0.79$g/mL。

（3）硫酸：$\rho(H_2SO_4)=1.84$g/mL。

（4）轻质氧化镁（MgO）：不含碳酸盐，在 500℃下加热氧化镁，以除去碳酸盐。

（5）硫酸吸收液：$c=0.01$mol/L。量取 0.54mL 硫酸加入水中，稀释至 1L。

（6）氢氧化钠溶液：$c(NaOH)=2$mol/L。称取 8g 氢氧化钠溶于水中，稀释至 100mL。

（7）显色剂（水杨酸-酒石酸钾钠溶液）。称取 50g 水杨酸［$C_6H_4(OH)COOH$］，加入约 100mL 水，再加入 160mL 氢氧化钠溶液，搅拌使之完全溶解；再称取 50g 酒石酸钾钠（$KNaC_4H_6O_6\cdot4H_2O$），溶于水中，与上述溶液合并移入 1000mL 容量瓶中，加水稀释至标线，贮存于加橡胶塞的棕色玻璃瓶中，此溶液可稳定1个月。

(8) 次氯酸钠。可购买商品试剂，也可自己制备，详细的制备方法见HJ 536—2009附录A.1。存放于塑料瓶中的次氯酸钠，使用前应标定其有效氯浓度和游离碱浓度（以NaOH计），标定方法见HJ 536—2009附录A.2和附录A.3。

(9) 次氯酸钠使用液：ρ(有效氯)＝3.5g/L，c(游离碱)＝0.75mol/L。取经标定的次氯酸钠，用水和氢氧化钠溶液稀释成有效氯浓度3.5g/L、游离碱浓度0.75mol/L（以NaOH计）的次氯酸钠使用液，存放于棕色滴瓶内。本试剂可稳定1个月。

(10) 亚硝基铁氰化钠溶液：ρ＝10g/L。称取0.1g亚硝基铁氰化钠{$Na_2[Fe(CN)_5NO]\cdot 2H_2O$}置于10mL具塞比色管中，加水至标线。本试剂可稳定1个月。

(11) 清洗溶液。将100g氢氧化钾溶于100mL水中，溶液冷却后加900mL乙醇，贮存于聚乙烯瓶内。

(12) 溴百里酚蓝指示剂：ρ＝0.5g/L。称取0.05g溴百里酚蓝溶于50mL水中，加入10mL乙醇，用水稀释至100mL。

(13) 氨氮标准贮备液：ρ_N＝1000μg/mL。称取3.8190g氯化铵（NH_4Cl，优级纯，在100～105℃干燥2h)，溶于水中，移入1000mL容量瓶中，稀释至标线。此溶液可稳定1个月。

(14) 氨氮标准中间液：ρ_N＝100μg/mL。吸取10.00mL氨氮标准贮备液于100mL容量瓶中，稀释至标线。此溶液可稳定1周。

(15) 氨氮标准使用液：ρ_N＝1μg/mL。吸取10.00mL氨氮标准中间液于1000mL容量瓶中，稀释至标线。临用现配。

4. 样品采集、保存与预处理

1) 样品采集与保存

水样采集在聚乙烯瓶或玻璃瓶内，要尽快分析。如需保存，应加硫酸使水样酸化至pH＜2，2～5℃下可保存7天。

2) 水样的预蒸馏

将50mL硫酸吸收液移入接收瓶内，确保冷凝管出口在硫酸溶液液面之下。分取250mL水样（如氨氮含量高，可适当少取，加水至250mL）移入烧瓶中，加几滴溴百里酚蓝指示剂，必要时，用氢氧化钠溶液或硫酸吸收液调整pH至6.0（指示剂呈黄色）～7.4（指示剂呈蓝色）之间，加入0.25g轻质氧化镁及数粒玻璃珠，立即连接氮球和冷凝管。加热蒸馏，使馏出液速率约为10mL/min，待馏出液达200mL时，停止蒸馏，加水定容至250mL。

5. 实验步骤

1) 校准曲线

用10mm比色皿测定时，按表3-9制备标准系列。

表3-9 标准系列（10mm比色皿）

管号	0	1	2	3	4	5
氨氮标准使用液体积/mL	0.00	1.00	2.00	4.00	6.00	8.00
氨氮质量/μg	0.00	1.00	2.00	4.00	6.00	8.00

用30mm比色皿测定时，按表3-10制备标准系列。

表3-10 标准系列（30mm比色皿）

管号	0	1	2	3	4	5
氨氮标准使用液体积/mL	0.00	0.40	0.80	1.20	1.60	2.00
氨氮质量/μg	0.00	0.40	0.80	1.20	1.60	2.00

根据表3-9或表3-10，取6支10mL比色管，分别加入上述氨氮标准使用液，用水稀释至8.00mL，按下述样品测定的步骤测量吸光度。以扣除空白的吸光度为纵坐标，以其对应的氨氮质量（μg）为横坐标绘制校准曲线。

2）样品测定

取水样或经过预蒸馏的试样8.00mL（当水样中氨氮质量浓度高于1.0mg/L时，可适当稀释后取样）于10mL比色管中。加入1.00mL显色剂（水杨酸-酒石酸钾钠溶液）和2滴亚硝基铁氰化钠，混匀，再滴入2滴次氯酸钠使用液并混匀，加水稀释至标线，充分混匀。显色60min后，在697nm波长处，用10mm或30mm比色皿，以水为参比测量吸光度。

3）空白实验

以水代替水样，按与样品测定相同的步骤进行预处理和测定。

6. 实验结果

水样中氨氮的质量浓度按下式计算：

$$\rho_{\mathrm{N}}=\frac{A_{\mathrm{s}}-A_{\mathrm{b}}-a}{bV}\times D \tag{3-14}$$

式中 ρ_{N}——水样氨氮（以氮计）的质量浓度，mg/L；

A_{s}——样品的吸光度；

A_{b}——空白实验的吸光度；

a——校准曲线的截距；

b——校准曲线的斜率；

V——所取水样的体积，mL；

D——水样的稀释倍数。

7. 精密度和准确度

标准样品和实际样品的准确度和精密度见表3-11。

表3-11 标准样品和实际样品的准确度和精密度

样品	氨氮质量浓度 ρ_{N}/(mg/L)	重复次数	标准偏差/(mg/L)	相对标准偏差/%	相对误差/%
标准样品1	0.477	10	0.014	2.94	2.4
标准样品2	0.839	10	0.013	1.55	1.6
地表水	0.277	10	0.010	3.61	—
污水	4.69	10	0.053	1.13	—

注：来自一个实验室的数据。

8. 质量保证与质量控制

（1）试剂空白的吸光度应不超过0.030（光程10mm比色皿）。

（2）水样的预蒸馏，同“纳氏试剂分光光度法”。

（3）蒸馏器的清洗，同“纳氏试剂分光光度法”。

（4）显色剂的配制。若水杨酸未能全部溶解，可再加入数毫升氢氧化钠溶液，直至完全溶解为止，并用 1mol/L 的硫酸调节溶液的 pH 值在 6.0～6.5 之间。

三、实验报告

（1）包含实验目的和意义、原始实验数据记录表、实验数据的处理、实验结果的分析与讨论、实验结论。

（2）实验报告要工整。

四、思考题

（1）当水样有颜色时，最好用哪种方法测定其氨氮含量？

（2）影响氨氮测定准确度的因素有哪些？

（3）测定氨氮时，加入酒石酸钾钠的目的是什么？

（4）水样蒸馏预处理时，为什么要加入少量轻质氧化镁？

实验 18 水质 亚硝酸盐氮的测定

一、实验目的

（1）掌握亚硝酸盐氮测定的环境意义。

（2）掌握分光光度法和气相分子吸收光谱法测定水中亚硝酸盐氮的方法及操作步骤。

二、实验方法

（一）分光光度法

1. 方法要点

本方法规定了分光光度法测定饮用水、地下水、地面水及废水中亚硝酸盐氮的方法。

在磷酸介质中，pH 值为 1.8 时，试样中的亚硝酸根离子与 4-氨基苯磺酰胺反应生成重氮盐，它再与 *N*-(1-萘基)-乙二胺二盐酸盐偶联生成红色染料，在 540nm 波长处测定吸光度。如果使用光程长为 10mm 的比色皿，亚硝酸盐氮的浓度在 0.2mg/L 以内其呈色符合朗伯-比耳定律。

1）测定上限

当试样取最大体积（50mL）时，用本方法可以测定亚硝酸盐氮浓度高达 0.20mg/L。

2）最低检出浓度

采用光程长为 10mm 的比色皿，试样体积为 50mL，吸光度 0.01 单位所对应的浓度值为最低检出限浓度，此值为 0.003mg/L。

采用光程长为 30mm 的比色皿，试样体积为 50mL，最低检出浓度为 0.001mg/L。

3）灵敏度

采用光程长为 10mm 的比色皿，试样体积为 50mL 时，亚硝酸盐氮浓度 c_N=0.20mg/L，给出的吸光度约为 0.67 单位。

4）干扰

当试样 pH>11 时，可能遇到某些干扰，遇此情况，可向试样中加入 1 滴酚溶液（c=10g/L），边搅拌边逐滴加入磷酸溶液（1+9），至红色刚消失。经此处理，在加入显色剂后，体系 pH 值为 1.8±0.3，不影响测定。

试样如有颜色和悬浮物，可向每 100mL 试样中加入 2mL 氢氧化铝悬浮液，搅拌，静置，过滤，弃去 25mL 初滤液后，再取试样测定。

水样中常见的可能产生干扰的物质及含量见表 3-12。其中氯胺、氯、硫代硫酸盐、聚磷酸钠和三价铁离子有明显干扰。

表 3-12　可能产生干扰的物质及含量

物质	所用盐	物质的质量/μg	对测定的影响		
			m_N=0	m_N=1.00μg	m_N=10.0μg
镁	乙酸盐	1000	0.00	0.00	−0.07
钾	氯化物	100	0.00	0.00	−0.07
钾	氯化物	1000	0.00	−0.03	−0.13
钠	氯化物	100	0.00	0.00	−0.02
钠	氯化物	1000	0.00	−0.01	−0.13
重碳酸盐	钠	6100(HCO_3^-)	0.00	+0.03	+0.01
重碳酸盐	钠	12200(HCO_3^-)	0.00	+0.03	+0.06
硝酸盐	钾	1000(N)	0.00	0.00	−0.06
铵	氯化物	100(N)	0.00	−0.01	−0.03
镉	氯化物	100	0.00	−0.03	−0.03
锌	乙酸盐	100	0.00	−0.04	+0.00
锰	氯化物	100	0.00	+0.04	−0.03
铁(Ⅲ)	氯化物	10	0.00	+0.04	−0.03
铁(Ⅲ)	氯化物	100	0.00	−0.06	−0.51
铜	乙酸盐	100	−0.06	−0.06	−0.07
铝	硫酸盐	100	0.00	0.00	−0.03
硅酸盐	钠	100(SiO_2)	0.00	0.00	—
尿素	—	100	0.00	+0.04	−0.09
硫代硫酸盐	钠	100($S_2O_3^{2-}$)	0.00	−0.03	−0.82
硫代硫酸盐	钠	1000($S_2O_3^{2-}$)	0.00	0.00	−0.77
氯	—	2(Cl_2)	0.00	−0.22	−0.25
氯	—	20(Cl_2)	−0.01	−1.01	−2.81
氯胺	—	2(Cl_2)	—	−0.06	−0.07
氯胺	—	20(Cl_2)	−0.01	−0.30	−2.78

2. 仪器、设备和试剂

1）仪器、设备

所有玻璃器都应用 2mol/L 盐酸仔细洗净，然后用水彻底冲洗。

常用实验室设备及分光光度计。

2）试剂

在测定过程中，除非另有说明，均使用符合国家标准或专业标准的分析纯试剂，实验用水均为无亚硝酸盐的二次蒸馏水。

（1）实验用水。采用下列方法之一进行制备：

① 加入少许高锰酸钾结晶于 1L 蒸馏水中，使成红色，加氢氧化钡（或氢氧化钙）结晶至溶液呈碱性，使用硬质玻璃蒸馏器进行蒸馏，弃去最初的 50mL 馏出液，收集约 700mL 不含锰盐的馏出液，待用。

② 于 1L 蒸馏水中加入 1mL 硫酸（ρ=1.84g/mL）、0.2mL 硫酸锰溶液［每 100mL 水中含有 36.4g 硫酸锰（$MnSO_4 \cdot H_2O$）］，滴加 0.04%（体积分数）高锰酸钾溶液（约 1～3mL）至呈红色，使用硬质玻璃蒸馏器进行蒸馏，弃去最初的 50mL 馏出液，收集约 700mL 不含锰盐的馏出液，待用。

（2）磷酸：15mol/L，ρ=1.70g/mL。

（3）硫酸：18mol/L，ρ=1.84g/mL。

（4）磷酸：1+9 溶液（1.5mol/L）。溶液至少可稳定 6 个月。

（5）显色剂。500mL 烧杯内加入 250mL 水和 50mL 磷酸，加入 20.0g 4-氨基苯磺酰胺（$NH_2C_6H_4SO_2NH_2$），再将 1.00g*N*-(1-萘基)-乙二胺二盐酸盐（$C_{10}H_7NHC_2H_4NH_2 \cdot 2HCl$）溶于上述溶液中，转移至 500mL 容量瓶中，用水稀至标线，摇匀。此溶液贮存于棕色试剂瓶中，在 2～5℃保存，至少可稳定 1 个月。

注：本试剂有毒性，避免与皮肤接触或吸入体内。

（6）亚硝酸盐氮标准贮备溶液：c_N=250mg/L。

① 贮备溶液的配制。称取 1.232g 亚硝酸钠（$NaNO_2$），溶于 150mL 水中，定量转移至 1000mL 容量瓶中，用水稀释至标线，摇匀。

本溶液贮存在棕色试剂瓶中，加入 1mL 氯仿，在 2～5℃保存，至少稳定 1 个月。

② 贮备溶液的标定。在 300mL 具塞锥形瓶中，移入 50.00mL 高锰酸钾标准溶液［$c(1/5KMnO_4)$=0.050mol/L］、5mL 硫酸（ρ=1.84g/mL），50mL 移液管下端插入高锰酸钾溶液液面下，加入亚硝酸盐氮标准贮备溶液 50.00mL，轻轻摇匀，置于水浴上加热至 70～80℃。按每次 10.00mL 的量加入足够的草酸钠标准溶液［$c(1/2Na_2C_2O_4)$=0.0500mol/L］，使高锰酸钾标准溶液褪色，使草酸钠标准溶液过量，记录草酸钠标准溶液用量 V_2，然后用高锰酸钾标准溶液［$c(1/5KMnO_4)$=0.050mol/L］滴定过量草酸钠至溶液呈微红色，记录高锰酸钾标准溶液总用量 V_1。

再以 50mL 实验用水代替亚硝酸盐氮标准贮备溶液，如上操作，用草酸钠标准溶液标定高锰酸钾溶液的浓度 c_1。

按下式计算高锰酸钾标准溶液浓度 c_1(1/5$KMnO_4$，mol/L)：

$$c_1=\frac{0.0500V_4}{V_3} \tag{3-15}$$

式中 V_3——滴定实验用水时加入高锰酸钾标准溶液的体积，mL；

V_4——滴定实验用水时加入草酸钠标准溶液的体积，mL；

0.0500——草酸钠标准溶液的浓度 [$c(1/2Na_2C_2O_4)$]，mol/L。

按下式计算亚硝酸盐氮标准贮备溶液的浓度 c_N（mg/L）：

$$c_N=\frac{(V_1c_1-0.0500V_2)\times 7.00\times 1000}{50.00}=140V_1c_1-7.00V_2 \tag{3-16}$$

式中 V_1——滴定亚硝酸盐氮标准贮备溶液时加入高锰酸钾标准溶液的体积，mL；

V_2——滴定亚硝酸盐氮标准贮备溶液时加入草酸钠标准溶液的体积，mL；

c_1——经标定的高锰酸钾标准溶液的浓度，mol/L；

7.00——亚硝酸盐氮（1/2N）的摩尔质量，g/moL；

50.00——亚硝酸盐氮标准贮备溶液取样体积，mL；

0.0500——草酸钠标准溶液浓度 [$c(1/2Na_2C_2O_4)$]，mol/L。

（7）亚硝酸盐氮中间标准液：$c_N=50.0$mg/L。取亚硝酸盐氮标准贮备溶液 50.00mL 置于 250mL 容量瓶中，用水稀释至标线，摇匀。此溶液贮于棕色瓶内，在 2～5℃保存，可稳定一周。

（8）亚硝酸盐氮标准工作液：$c_N=1.00$mg/L。取亚硝酸盐氮中间标准液 10.00mL 于 500mL 容量瓶内，用水稀释至标线，摇匀。此溶液使用时当天配制。

注：亚硝酸盐氮中间标准液和标准工作液的浓度值，应采用贮备溶液标定后的准确浓度的计算值。

（9）氢氧化铝悬浮液。溶解 125g 硫酸铝钾 [$KAl(SO_4)_2\cdot 12H_2O$] 或硫酸铝铵 [$NH_4Al(SO_4)_2\cdot 12H_2O$] 于 1L 一次蒸馏水中，加热至 60℃，在不断搅拌下，缓慢加入 55mL 浓氢氧化铵，放置约 1h 后，移入 1L 量筒内，用一次蒸馏水反复洗涤沉淀，最后用实验用水洗涤沉淀，直至洗涤液中不含亚硝酸盐为止。澄清后，把上清液尽量全部倾出，只留稠的悬浮物，最后加入 100mL 水。使用前应振荡均匀。

（10）高锰酸钾标准溶液：$c(1/5KMnO_4)=0.050$mol/L。溶解 1.6g 高锰酸钾（$KMnO_4$）于 1.2L 水（一次蒸馏水）中，煮沸 0.5～1h，使体积减小到 1L 左右，放置过夜，用 G-3 号玻璃砂芯滤器过滤后，滤液贮存于棕色试剂瓶中避光保存。高锰酸钾标准溶液浓度按亚硝酸盐氮标准贮备溶液中贮备溶液的标定方法进行标定和计算。

（11）草酸钠标准溶液：$c(1/2Na_2C_2O_4)=0.0500$mol/L。溶解（3.3500±0.0004）g 经 105℃烘干 2h 的优级纯无水草酸钠（$Na_2C_2O_4$）于 750mL 水中，定量转移至 1000mL 容量瓶中，用水稀释至标线，摇匀。

（12）酚酞指示剂：$c=10$g/L。0.5g 酚酞溶于 50mL 95%（体积分数）的乙醇中。

3. 样品采集、保存与制备

1）样品采集与保存

实验室样品应用玻璃瓶或聚乙烯瓶采集，并在采集后尽快分析，不要超过 24h。若需短期保存（1～2d），可以在每升实验室样品中加入 40mg 氯化汞，并保存于 2～5℃。

2）试样的制备

实验室样品含有悬浮物或带有颜色时，可向每 100mL 试样中加入 2mL 氢氧化铝悬浮液，搅拌，静置，过滤，弃去25mL初滤液后，再取试样测定。

4. 实验步骤

1）试份

试份最大体积为50.0mL，可测定亚硝酸盐氮浓度高至0.20mg/L。浓度更高时，可相应用较少量的样品或将样品进行稀释后，再取样。

2）测定

用无分度吸管将选定体积的试份移至50mL比色管（或容量瓶）中，用水稀释至标线，加入显色剂1.0mL，密塞，摇匀，静置，此时pH值应为1.8±0.3。

加入显色剂20min后、2h以内，在540nm的最大吸光度波长处，用光程长10mm的比色皿，以实验用水做参比，测量溶液吸光度。

注： 最初使用本方法时，应校正最大吸光度的波长，以后的测定均应用此波长。

3）空白实验

按上述测定步骤进行空白实验，用50mL水代替试份。

4）色度校正

如果实验室样品经“试样的制备”步骤制备的试样还具有颜色时，按“实验步骤”中的“测定”方法，从试样中取相同体积的第二份试份，进行吸光度测定，只是不加显色剂，改加磷酸（1.5mol/L）1.0mL。

5）校准

在一组6个50mL比色管（或容量瓶）内，分别加入亚硝酸盐氮标准工作液（c_N=1.00mg/L）0、1.00、3.00、5.00、7.00和10.00mL，用水稀释至标线，然后按“实验步骤”中的“测定”第二段开始到末了叙述的步骤操作。

从测得的各溶液吸光度，减去空白实验吸光度，得校正吸光度A_r，绘制以氮质量（μg）对校正吸光度的校准曲线，亦可按线性回归方程的方法，计算校准曲线方程。

5. 实验结果

试份溶液吸光度的校正值A_r按下式计算：

$$A_r = A_s - A_b - A_c \tag{3-17}$$

式中 A_s——试份溶液测得的吸光度；

A_b——空白实验测得的吸光度；

A_c——色度校正测得的吸光度。

由校正吸光度A_r值，从校准曲线上查得（或由校准曲线方程计算）相应的亚硝酸盐氮的质量m_N（μg）。

试份的亚硝酸盐氮质量浓度按下式计算：

$$c_N = \frac{m_N}{V} \tag{3-18}$$

式中 c_N——亚硝酸盐氮质量浓度，mg/L；

m_N——相应于校正吸光度A_r的亚硝酸盐氮质量，μg；

V——取试份的体积，mL。

试份体积为50mL时，结果以三位小数表示。

6. 精密度和准确度

（1）取平行双样测定结果的算术平均值为测定结果。

(2) 23个实验室测定亚硝酸盐氮质量浓度为7.46×10^{-2}mg/L的试样，重复性为1.1×10^{-3}mg/L，再现性为3.7×10^{-3}mg/L，加标百分回收率范围为96%～104%。15个实验室测定亚硝酸盐氮质量浓度为6.19×10^{-2}mg/L的试样，重复性为2.0×10^{-3}mg/L，再现性为3.7×10^{-3}mg/L，加标百分回收率范围为93%～103%。

(二) 气相分子吸收光谱法

1. 方法要点

本方法适用于地表水、地下水、海水、饮用水、生活污水及工业污水中亚硝酸盐氮的测定。使用213.9nm波长，方法的最低检出限为0.003mg/L，测定下限0.012mg/L，测定上限10mg/L；在波长279.5nm处，测定上限可达500mg/L。

气相分子吸收光谱法是在规定的分析条件下，将待测成分转变成气态分子载入测量系统，测定其对特征光谱吸收的方法。

在0.15～0.3mol/L柠檬酸介质中，加入乙醇作催化剂，将亚硝酸盐瞬间转化成的NO_2用空气载入气相分子吸收光谱仪的吸光管中，在213.9nm等波长处测得的吸光度与水样中亚硝酸盐氮浓度遵守比耳定律。

2. 干扰及消除

在柠檬酸介质中，某些能与NO_2发生氧化、还原反应的物质达一定量时会干扰测定。当亚硝酸盐氮质量浓度为0.2mg/L时，25mg/L SO_3^{2-}、10mg/L $S_2O_3^{2-}$、30mg/L I^-、20mg/L SCN^-、80mg/L Sn^{2+}及100mg/L MnO_4^-不影响测定。S^{2-}含量高时，在气路干燥管前串接乙酸铅脱脂棉的除硫管给予消除；存在产生吸收的挥发性有机物时，在适量水样中加入活性炭搅拌吸附，30min后取样测定。

3. 仪器、设备和试剂

1) 仪器、设备

(1) 气相分子吸收光谱仪。

(2) 锌(Zn)空心阴极灯：灯电流为3～5mA，工作波长为213.9nm，光能量保持在100%～117%范围内，载气(空气)流量为0.5L/min，测量方式为峰高或峰面积。

(3) 微量可调移液器：50～250μL。

(4) 可调定量加液器：300mL无色玻璃瓶，加液量0～5mL。

(5) 气液分离装置(见图3-1)：清洗瓶1及样品反应瓶2为容积50mL的标准磨口玻璃瓶，干燥管3中放入无水高氯酸镁(8～10目)。将各部分用PVC软管与气相分子吸收光谱仪连接。

(6) 无色玻璃滴瓶：50～100mL，内装无水乙醇。

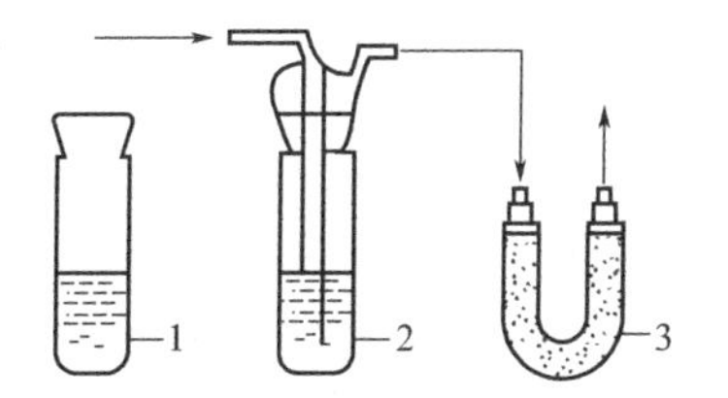

图3-1　气液分离装置示意图

1—清洗瓶；2—样品吹气反应瓶；3—干燥管

2) 试剂

本标准使用试剂除另有注明外，均为符合国家标准的分析纯化学试剂；实验用水为新制备的去离子水。

(1) 柠檬酸溶液：$c(C_6H_8O_7\cdot H_2O)=0.3$mol/L。称取64g柠檬酸，溶解于水，定容至1000mL，摇匀。

（2）无水乙醇。

（3）无水高氯酸镁［$Mg(ClO_4)_2$］：8～10 目颗粒。

（4）细颗粒状活性炭。

（5）亚硝酸盐氮标准贮备液（0.500mg/mL）：称取预先在 105～110℃干燥 4h 的光谱纯亚硝酸钠（$NaNO_2$）2.463g，溶解于水，移入 1000mL 容量瓶中，加水稀释至标线，摇匀。

（6）亚硝酸盐氮标准使用液（20.00μg/mL）：吸取亚硝酸盐氮标准贮备液，用水逐级稀释而成。

4. 水样的采集与保存

一般用玻璃瓶或聚乙烯瓶采样，水样应充满采样瓶。采集的水样应立即测定，否则应在约 4℃冰箱内保存，并尽快测定。

5. 实验步骤

1）测量系统的净化

每次测定之前，将反应瓶盖插入装有约 5mL 水的清洗瓶中，通入载气，净化测量系统，调整仪器零点。测定后，水洗反应瓶盖和砂芯。

2）校准曲线的绘制

用微量可调移液器逐个移取 0、50、100、150、200、250μL 亚硝酸盐氮标准使用液于样品反应瓶中，加水至 2.5mL，用定量加液器加入 2.5mL 柠檬酸溶液及 0.5mL 无水乙醇，将反应瓶盖与样品反应瓶密闭，通入载气，依次测定各标准溶液吸光度，以吸光度与所对应的亚硝酸盐氮的质量（μg）绘制校准曲线。

3）水样的测定

取 2.50mL 水样（亚硝酸盐氮量≤5g）于样品反应瓶中，其余操作同“校准曲线的绘制”。测定水样前，测定空白溶液，进行空白校正。

6. 实验结果

亚硝酸盐氮的质量浓度按下式计算：

$$\rho=\frac{m-m_0}{V} \tag{3-19}$$

式中 ρ——亚硝酸盐氮的质量浓度，mg/L；

m——根据校准曲线计算出样品的亚硝酸盐氮量，μg；

m_0——根据校准曲线计算出的空白量，μg；

V——取样体积，mL。

7. 精密度和准确度

1）精密度

6 个实验室对 NO_2^--N 质量浓度为 0.102mg/L±0.006mg/L 的统一标样进行测定，重复性相对标准偏差为 1.1%，再现性相对标准偏差为 3.1%；对 NO_2^--N 质量浓度为 0.058～0.396mg/L 的地表水（长江水、河流污水等）、海水和工业冷循环水等实际样品进行测定（$n=6$），相对标准偏差为 2.3%～4.6%。

2）准确度

6 个实验室测定 0.102mg/L±0.006mg/L 的统一标样，测得平均值为 0.102mg/L，相对误差为 0.0%；对 NO_2^--N 质量浓度为 0.152～2.23μg 的地表水（长江水、河流污水等）、海水和工业冷循环水等实际样品进行加标回收试验，加标量为 0.182～2.00μg，加标回收率在 93%～106%之间。

三、实验报告

（1）包含实验目的和意义、原始实验数据记录表、实验数据的处理、实验结果的分析与讨论、实验结论。

（2）实验报告要工整。

四、思考题

（1）测定水中亚硝酸盐氮含量的意义是什么？

（2）水中含有大量的亚硝酸盐氮，说明水体可能处于怎样的污染阶段？

（3）气相分子吸收光谱法还能测定哪些形态的含氮化合物？

实验 19　水质　硝酸盐氮的测定

一、实验目的

（1）掌握硝酸盐氮测定的环境意义。

（2）掌握酚二磺酸分光光度法和气相分子吸收光谱法测定水中硝酸盐氮的方法及操作步骤。

二、实验方法

（一）酚二磺酸分光光度法

1. 方法要点

本方法适用于测定饮用水、地下水和清洁地面水中的硝酸盐氮。

硝酸盐在无水情况下与酚二磺酸反应，生成硝基二磺酸酚，在碱性溶液中，生成黄色化合物，于 410nm 波长处进行分光光度测定。

1）测定范围

本方法适用于测定的硝酸盐氮浓度范围在 0.02～2.0mg/L 之间。浓度更高时，可分取较少的试份测定。

2）最低检出浓度

采用光程为 30mm 的比色皿，试份体积为 50mL 时，最低检出浓度为 0.02mg/L。

3）灵敏度

当使用光程为 30mm 的比色皿，试份体积为 50mL，硝酸盐氮质量浓度为 0.60mg/L

时，吸光度约 0.6 单位。

使用光程为 10mm 的比色皿，试份体积为 50mL，硝酸盐氮质量浓度为 2.0mg/L 时，其吸光度约 0.7 单位。

4）干扰

水中含氯化物、亚硝酸盐、铵盐、有机物和碳酸盐时，可产生干扰。含此类物质时，应做适当的前处理，以消除对测定的影响。

2. 仪器和试剂

1）仪器

（1）常用实验室仪器。

（2）瓷蒸发皿：75～100mL 容量。

（3）具塞比色管：50mL。

（3）分光光度计：适用于测量波长 410nm，并配有光程 10mm 和 30mm 的比色皿。

2）试剂

本标准所用试剂除另有说明外，均为分析纯试剂，实验中所用的水，均应为蒸馏水或同等纯度的水。

（1）硫酸：ρ=1.84g/mL。

（2）发烟硫酸（$H_2SO_4 \cdot SO_3$）：含 13%三氧化硫（SO_3）。

注： 发烟硫酸在室温较低时凝固，取用时，可先在 40～50℃隔水浴中加温熔化，不能将盛装发烟硫酸的玻璃瓶直接置于水浴中，以免瓶裂引起危险；发烟硫酸中含三氧化硫（SO_3）浓度超过 13%时，可用硫酸（ρ=1.84g/mL）按计算量进行稀释。

（3）酚二磺酸［$C_6H_3(OH)(SO_3H)_2$］。称取 25g 苯酚置于 500mL 锥形瓶中，加 150mL 硫酸（ρ=1.84g/mL）使之溶解，再加 75mL 发烟硫酸，充分混合。瓶口插一小漏斗，置瓶于沸水浴中加热 2h，得淡棕色稠液，贮于棕色瓶中，密塞保存。

注： 当苯酚色泽变深时，应进行蒸馏精制；无发烟硫酸时，可用硫酸（ρ=1.84g/mL）代替，但应增加在沸水浴中加热时间至 6h，制得的试剂尤应注意防止吸收空气中的水分，以免因硫酸浓度的降低，影响硝基化反应的进行，使测定结果偏低。

（4）氨水（$NH_3 \cdot H_2O$）：ρ=0.90g/mL。

（5）硝酸盐氮标准溶液：c_N=100mg/L。将 0.7218g 经 105～110℃干燥 2h 的硝酸钾（KNO_3）溶于水中，移入 1000mL 容量瓶，用水稀释至标线，混匀。加 2mL 氯仿作保存剂，至少可稳定 6 个月。每毫升本标准溶液含 0.10mg 硝酸盐氮。

（6）硝酸盐氮标准溶液：c_N=10.0mg/L。吸取 50.0mL 硝酸盐氮标准溶液（c_N=100mg/L），置于蒸发皿内，加氢氧化钠溶液（0.1mol/L）调 pH 至 8，在水浴上蒸发至干。加 2mL 酚二磺酸试剂，用玻璃棒研磨蒸发皿内壁，使残渣与试剂充分接触，放置片刻，重复研磨一次，放置 10min，加入少量水，定量移入 500mL 容量瓶中，加水至标线，混匀。每毫升本标准溶液含 0.010mg 硝酸盐氮。贮于棕色瓶中，此溶液至少稳定 6 个月。

注： 本标准溶液应同时制备两份，如发现浓度存在差异时，应重新吸取硝酸盐氮标准溶液（c_N=100mg/L）进行制备。

（7）硫酸银溶液。称取 4.397g 硫酸银（Ag_2SO_4）溶于水，稀释至 1000mL。1.00mL 此溶液可去除 1.00mg 氯离子（Cl^-）。

(8) 硫酸溶液：0.5mol/L。

(9) 氢氧化钠溶液：0.1mol/L。

(10) EDTA 二钠溶液。称取 50g EDTA 二钠盐的二水合物（$C_{10}H_{14}N_2O_3Na_2 \cdot 2H_2O$），溶于 20mL 水中，使调成糊状，加入 60mL 氨水（ρ=0.90g/mL）充分混合，使之溶解。

(11) 氢氧化铝悬浮液。称取 125g 硫酸铝钾 [$KAl(SO_4)_2 \cdot 12H_2O$] 或硫酸铝铵 [$NH_4Al(SO_4)_2 \cdot 12H_2O$] 溶于 1L 水中，加热到 60℃，在不断搅拌下徐徐加入 55mL 氨水（ρ=0.90g/mL），生成氢氧化铝沉淀，充分搅拌后静置，弃去上清液。反复用水洗涤沉淀，至倾出液无氯离子和铵盐。最后加入 300ml 水使成悬浮液。使用前振摇均匀。

(12) 高锰酸钾溶液：3.16g/L。

3. 样品采集与保存

按照国家标准规定及根据待测水的类型提出的特殊建议进行采样。

实验室样品可贮于玻璃瓶或聚乙烯瓶中。

硝酸盐氮的测定应在水样采集后立即进行，必要时，应保存在 4℃下，但不得超过 24h。

4. 实验步骤

1) 试份体积的选择

最大试份体积为 50mL，可测定硝酸盐氮浓度至 2.0mg/L。

2) 空白实验

取 50mL 水，以与试份测定完全相同的步骤、试剂和用量，进行平行操作。

3) 干扰的排除

(1) 带色物质。取 100mL 试样移入 100mL 具塞量筒中，加 2mL 氢氧化铝悬浮液，密塞充分振摇，静置数分钟澄清后，过滤，弃去最初滤液的 20mL。

(2) 氯离子。取 100mL 试样移入 100mL 具塞量筒中，根据已测定的氯离子含量，加入相当量的硫酸银溶液，充分混合，在暗处放置 30min，使氯化银沉淀凝聚，然后用慢速滤纸过滤，弃去最初滤液 20mL。

注：如不能获得澄清滤液，可将已加过硫酸银溶液后的试样在近 80℃的水浴中加热，并用力振摇，使沉淀充分凝聚，冷却后再进行过滤；如同时需去除带色物质，则可在加入硫酸银溶液并混匀后，再加入 2mL 氢氧化铝悬浮液，充分振摇，放置片刻待沉淀后，过滤。

(3) 亚硝酸盐。当亚硝酸盐氮含量超过 0.2mg/L 时，可取 100mL 试样，加 1mL 硫酸溶液（0.5mol/L），混匀后，滴加高锰酸钾溶液（3.16g/L），至淡红色保持 15min 不褪为止，使亚硝酸盐氧化为硝酸盐，最后从硝酸盐氮测定结果中减去亚硝酸盐氮量。

4) 测定

(1) 蒸发。取 50.0mL 试份放入蒸发皿中，用 pH 试纸检查，必要时用硫酸溶液（0.5mol/L）或氢氧化钠溶液（0.1mol/L）调节至微碱性（pH≈8），置于水浴上蒸发至干。

(2) 硝化反应。加 1.0mL 酚二磺酸试剂，用玻璃棒研磨，使试剂与蒸发皿内残渣充分接触，放置片刻，再研磨一次，放置 10min，加入约 10mL 水。

(3) 显色。在搅拌下加入 3～4mL 氨水（ρ=0.90g/mL），使溶液呈现最深的颜色。如有沉淀产生，过滤；或滴加 EDTA 二钠溶液，并搅拌至沉淀溶解。将溶液移入比色管中，用水稀释至标线，混匀。

(4) 分光光度测定。于 410nm 波长，选用合适光程长的比色皿，以水为参比，测量溶液的吸光度。

5) 校准

(1) 校准系列的制备。用分度吸管向一组 10 支 50mL 比色管中，加入硝酸盐氮标准溶液，所加体积如表 3-13，加水至约 40mL，加 3mL 氨水 (ρ=0.90g/mL) 使呈碱性，再加水至标线，混匀。按“实验步骤”中的“测定”方法进行分光光度测定。所用比色皿的光程长如表 3-13 所示。

表 3-13 校准系列中所用标准溶液体积

标准溶液(c_N=10.0mg/L)体积/mL	硝酸盐氮质量/mg	比色皿光程长/mm
0	0	10、30
0.10	0.001	30
0.30	0.003	30
0.50	0.005	30
0.70	0.007	30
1.00	0.010	10、30
3.00	0.030	10
5.00	0.050	10
7.00	0.070	10
10.0	0.10	10

(2) 校准曲线的绘制。由除零管外的其他校准系列测得的吸光度值减去零管的吸光度值，分别绘制不同比色皿光程长的吸光度对硝酸盐氮质量 (mg) 的校准曲线。

5. 实验结果

试份中硝酸盐氮的吸光度 A_r，用下式计算：

$$A_r = A_s - A_b \tag{3-20}$$

式中 A_s——试份溶液的吸光度；

A_b——空白实验溶液的吸光度。

注：对某种特定样品，A_s 和 A_b 应在同一种光程长的比色皿中测定。

(1) 未去除氯离子的试样，按下式计算：

$$\rho_N = \frac{m}{V} \times 1000 \tag{3-21}$$

式中 ρ_N——硝酸盐氮的质量浓度，mg/L；

m——硝酸盐氮质量，mg (由 A_r 值和相应比色皿光程绘制的校准曲线确定)；

V——试份体积，mL；

1000——换算为每升试样计。

(2) 去除氯离子的试样，按下式计算：

$$\rho_N = \frac{m}{V} \times 1000 \times \frac{V_1 + V_2}{V_1} \tag{3-22}$$

式中 ρ_N——硝酸盐氮的质量浓度，mg/L；

m——硝酸盐氮质量，mg（由 A_r 值和相应比色皿光程绘制的校准曲线确定）；

V——试份体积，mL；

V_1——供去除氯离子的试样取用量，mL；

V_2——硫酸银溶液加入量，mL。

6. 精密度和准确度

经5个实验室的分析方法协作实验结果如下：

1）实验室内

质量浓度范围为0.2～0.4mg/L的加标地面水，最大总相对标准偏差为6.4%，回收率平均值为78%。质量浓度范围为1.8～2.0mg/L的加标地面水，最大总相对标准偏差为5.4%，回收率平均值为98.6%。

2）实验室间

（1）分析含硝酸盐氮1.20mg/L的统一分发标准样，实验室间总相对标准偏差为9.4%，相对误差为-6.7%。

（2）52个实验室测定含硝酸盐氮1.59mg/L的合成水样，相对标准偏差为11.0%，相对误差为8.8%。

（二）气相分子吸收光谱法

1. 方法要点

本方法适用于地表水、地下水、海水、饮用水、生活污水及工业污水中硝酸盐氮的测定。方法的检出限为0.006mg/L，测定上限10mg/L。

在2.5mol/L盐酸介质中，于70℃±2℃温度下，三氯化钛可将硝酸盐迅速还原分解，生成的NO用空气载入气相分子吸收光谱仪的吸光管中，在214.4nm波长处测得的吸光度与硝酸盐氮质量浓度遵守比耳定律。

2. 仪器、工作条件和试剂

1）仪器

（1）气相分子吸收光谱仪。

（2）镉（Cd）空心阴极灯：灯电流为3～5mA。

（3）圆形不锈钢加热架。

（4）可调定量加液器：300mL无色玻璃瓶，加液量0～5mL，用硅胶管连接加液嘴与样品反应瓶盖的加液管。

（5）恒温水浴：双孔或4孔，温度0～100℃可调，控温精度±2℃。

（6）气液分离装置（见图3-2）：清洗瓶1及样品吹气反应瓶3为容积50mL的标准磨口玻璃瓶；干燥管5中放入无水高氯酸镁（8～10目）。将各部分用PVC软管连接于气相分子吸收光谱仪。

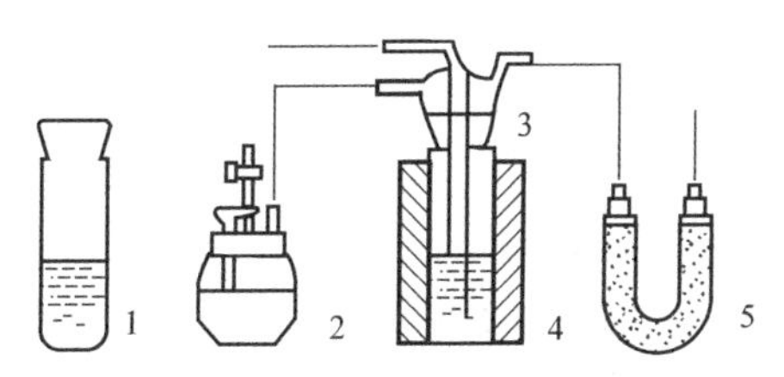

图3-2 气液分离装置示意图

1—清洗瓶；2—定量加液器；3—样品吹气反应瓶；4—恒温水浴；5—干燥管

2）参考工作条件

载气（空气）流量为 0.5L/min；工作波长为 214.4nm；光能量保持在 100%～117%范围内；测量方式为峰高或峰面积。

3）试剂

本实验所用试剂除另有注明外，均为符合国家标准的分析纯化学试剂；实验用水为新制备的去离子水。

（1）盐酸：$c(HCl)=6mol/L$。

（2）氨基磺酸（NH_2SO_3H）：10%水溶液。

（3）三氯化钛溶液（$TiCl_3$）：质量分数为 15%的原液，化学纯。

（4）无水高氯酸镁 [$Mg(ClO_4)_2$]：8～10 目颗粒。

（5）细颗粒状活性炭。

（6）硝酸盐氮标准贮备液（1.00mg/mL）：称取预先在 105～110℃干燥 2h 的优级纯硝酸钠（$NaNO_3$）3.034g，溶解于水，移入 500mL 容量瓶中，加水稀释至标线，摇匀。

（7）硝酸盐氮标准使用液（10.00μg/mL）：吸取硝酸盐氮标准贮备液（1.00mg/mL），用水逐级稀释而成。

3. 样品采集与保存

一般用玻璃瓶或聚乙烯瓶采集水样。采集的水样用稀硫酸酸化至 pH<2，在 24h 内测定。

4. 干扰及消除

NO_2^- 的正干扰，可加 2 滴 10%氨基磺酸使之分解生成 N_2 而消除；SO_3^{2-} 及 $S_2O_3^{2-}$ 的正干扰，用稀 H_2SO_4 调呈弱酸性，加入 0.1%高锰酸钾氧化生成 SO_4^{2-} 直至产生二氧化锰沉淀，取上清液测定；含高价态阳离子，应增加三氯化钛用量至溶液紫红色不褪，取上清液测定；水样中含有产生吸收的有机物时，加入活性炭搅拌吸附，30min 后取样测定。

5. 实验步骤

1）测量系统的净化

每次测定之前，将反应瓶盖插入装有约 5mL 水的清洗瓶中，通入载气，净化测量系统，调整仪器零点。测定后，水洗反应瓶盖和砂芯。

2）校准曲线的绘制

取 0.00、0.50、1.00、1.50、2.00、2.50mL 标准使用液（10.00μg/mL），分别置于样品反应瓶中，加水至 2.5mL，加入 2 滴氨基磺酸及 2.5ml 盐酸（$c=6mol/L$），放入加热架，于 70℃±2℃水浴加热 10min。逐个取出样品反应瓶，立即用反应瓶盖密闭，趁热用定量加液器加入 0.5mL 三氯化钛溶液，通入载气，依次测定各标准溶液吸光度，以吸光度与相对应的硝酸盐氮的质量（μg）绘制校准曲线。

3）水样的测定

取适量水样（硝酸盐氮质量≤25μg）于样品反应瓶中，加水至 2.5mL，以下操作同“校准曲线的绘制”。

测定水样前，测定空白溶液，进行空白校正。

6. 实验结果

硝酸盐氮的质量浓度按下式计算：

$$\rho=\frac{m-m_0}{V} \tag{3-23}$$

式中　ρ——硝酸盐氮的质量浓度，mg/L；

m——根据校准曲线计算出的水样中硝酸盐氮质量，μg；

m_0——根据校准曲线计算出的空白样质量，μg；

V——取样体积，mL。

7. 精密度和准确度

1）精密度

6 个实验室对 NO_3^--N 质量浓度为 0.595mg/L±0.026mg/L 的统一标准样品进行测定，重复性相对标准偏差为 1.9%，再现性相对标准偏差为 2.0%；对 NO_3^--N 质量浓度为 0.282～1.48mg/L 的地表水、海水、水库水、工业循环水及工业污水的实际样品进行测定（$n=6$），相对标准偏差为 1.7%～3.2%。

2）准确度

6 个实验室测定 NO_3^--N 质量浓度为 0.595mg/L±0.026mg/L 的统一标样，测得平均值为 0.592mg/L，相对误差为 0.5%；对 NO_3^--N 质量浓度为 0.763～11.75μg 的地表水、海水、水库水、工业循环水及工业污水的实际样品进行加标回收试验，加标量 0.83～10.00μg，加标回收率在 91.0%～106%之间。

三、实验报告

（1）包含实验目的和意义、原始实验数据记录表、实验数据的处理、实验结果的分析与讨论、实验结论。

（2）实验报告要工整。

四、思考题

（1）水中含有大量的硝酸盐氮，说明水体可能处于怎样的污染阶段？

（2）气相分子吸收光谱法还能测定哪些形态的含氮化合物？

（3）影响准确度的因素有哪些？

实验 20　水质　总氮的测定——碱性过硫酸钾消解紫外分光光度法

一、实验目的

（1）了解紫外分光光度法原理。

（2）掌握水样的消化方法。

二、方法要点

本方法适用于地表水、地下水、工业废水和生活污水中总氮的测定。

当样品量为10mL时，本方法的检出限为0.05mg/L，测定范围为0.20～7.00mg/L。

总氮（TN）指在本标准规定的条件下，能测定的样品中溶解态氮及悬浮物中氮的总和，包括亚硝酸盐氮、硝酸盐氮、无机铵盐、溶解态氨及大部分有机含氮化合物中的氮。

在120～124℃下，碱性过硫酸钾溶液使样品中含氮化合物的氮转化为硝酸盐，采用紫外分光光度法于波长220nm和275nm处，分别测定吸光度A_{220}和A_{275}，按式（3-24）计算校正吸光度A，总氮（以N计）质量浓度与校正吸光度A成正比。

$$A=A_{220}-2A_{275} \tag{3-24}$$

三、干扰及消除

（1）当碘离子含量相对于总氮含量的2.2倍以上，溴离子含量相对于总氮含量的3.4倍以上时，对测定产生干扰。

（2）水样中的六价铬离子和三价铁离子对测定产生干扰，可加入5%盐酸羟胺溶液1～2mL消除。

四、仪器、设备和试剂

1. 仪器、设备

（1）紫外分光光度计：具10mm石英比色皿。

（2）高压蒸汽灭菌器：最高工作压力不低于1.1～1.4kg/cm^2，最高工作温度不低于120～124℃。

（3）具塞磨口玻璃比色管：25mL。

（4）一般实验室常用仪器和设备。

2. 试剂

除非另有说明，分析时均使用符合国家标准的分析纯试剂，实验用水为无氨水。

（1）无氨水。每升水中加入0.10mL浓硫酸蒸馏，收集馏出液于具塞玻璃容器中。也可使用新制备的去离子水。

（2）氢氧化钠（NaOH）。含氮量应小于0.0005%，氢氧化钠中含氮量的测定方法见HJ 636—2012附录A。

（3）过硫酸钾（$K_2S_2O_8$）。含氮量应小于0.0005%，过硫酸钾中含氮量的测定方法见HJ 636—2012附录A。

（4）硝酸钾（KNO_3）：基准试剂或优级纯。在105～110℃下烘干2h，在干燥器中冷却至室温。

（5）浓盐酸：$\rho(HCl)=1.19g/mL$。

（6）浓硫酸：$\rho(H_2SO_4)=1.84g/mL$。

（7）盐酸溶液：1+9。

（8）硫酸溶液：1+35。

（9）氢氧化钠溶液：$\rho(NaOH)=200g/L$。称取20.0g氢氧化钠溶于少量水中，稀释至100mL。

(10) 氢氧化钠溶液：$\rho(NaOH)=20g/L$。量取氢氧化钠溶液 ($\rho=200g/L$) 10.0mL，用水稀释至100mL。

(11) 碱性过硫酸钾溶液。称取40.0g过硫酸钾溶于600mL水中（可置于50℃水浴中加热至全部溶解），另称取15.0g氢氧化钠溶于300mL水中。待氢氧化钠溶液温度冷却至室温后，混合两种溶液定容至1000mL，存放于聚乙烯瓶中，可保存一周。

(12) 硝酸钾标准贮备液：$\rho(N)=100mg/L$。称取0.7218g硝酸钾溶于适量水，移至1000mL容量瓶中，用水稀释至标线，混匀。加入1～2mL三氯甲烷作为保护剂，在0～10℃暗处保存，可稳定6个月。也可直接购买市售有证标准溶液。

(13) 硝酸钾标准使用液：$\rho(N)=10.0mg/L$。量取10.00mL硝酸钾标准贮备液 [$\rho(N)=100mg/L$] 至100mL容量瓶中，用水稀释至标线，混匀，临用现配。

五、样品采集、保存与制备

1. 样品的采集和保存

参照《地表水环境质量监测技术规范》和《地下水环境监测技术规范》的相关规定采集样品。

将采集好的样品贮存在聚乙烯瓶或硬质玻璃瓶中，用浓硫酸 ($\rho=1.84g/mL$) 调节pH值至1～2，常温下可保存7d，-20℃冷冻可保存一个月。

2. 试样的制备

取适量样品用氢氧化钠溶液 ($\rho=20g/L$) 或硫酸溶液 (1+35) 调节pH值至5～9，待测。

六、实验步骤

1. 校准曲线的绘制

分别量取0.00、0.20、0.50、1.00、3.00和7.00mL硝酸钾标准使用液 [$\rho(N)=10.0mg/L$] 于25mL具塞磨口玻璃比色管中，其对应的总氮（以N计）质量分别为0.00、2.00、5.00、10.0、30.0和70.0μg。加水稀释至10.00mL，再加入5.00mL碱性过硫酸钾溶液，塞紧管塞，用纱布和线绳扎紧管塞，以防弹出。将比色管置于高压蒸汽灭菌器中，加热至顶压阀吹气，关阀，继续加热至120℃开始计时，保持温度在120～124℃之间30min。自然冷却、开阀放气，移去外盖，取出比色管冷却至室温，按住管塞将比色管中的液体颠倒混匀2～3次。

注： 若比色管在消解过程中出现管口或管塞破裂，应重新取样分析。

每个比色管分别加入1.0mL盐酸溶液 (1+9)，用水稀释至25mL标线，盖塞混匀。使用10mm石英比色皿，在紫外分光光度计上，以水作参比，分别于波长220nm和275nm处测定吸光度。零浓度的校正吸光度 A_b、其他标准系列的校正吸光度 A_s 及其差值 A_r 按式 (3-25)、式 (3-26) 和式 (3-27) 进行计算。以总氮（以N计）质量 (μg) 为横坐标，对应的 A_r 值为纵坐标，绘制校准曲线。

$$A_b=A_{b220}-2A_{b275} \tag{3-25}$$

$$A_s = A_{s220} - 2A_{s275} \tag{3-26}$$

$$A_r = A_s - A_b \tag{3-27}$$

式中 A_b——零浓度（空白）溶液的校正吸光度；

A_{b220}——零浓度（空白）溶液于波长 220nm 处的吸光度；

A_{b275}——零浓度（空白）溶液于波长 275nm 处的吸光度；

A_s——标准溶液的校正吸光度；

A_{s220}——标准溶液于波长 220nm 处的吸光度；

A_{s275}——标准溶液于波长 275nm 处的吸光度；

A_r——标准溶液校正吸光度与零浓度（空白）溶液校正吸光度的差。

2. 测定

量取 10.00mL 试样于 25mL 具塞磨口玻璃比色管中，按照“实验步骤”中“校准曲线的绘制”方法进行测定。

注：试样中的含氮量超过 70μg 时，可减少取样量并加水稀释至 10.00mL。

3. 空白实验

用 10.00mL 水代替试样，按照“实验步骤”中的“测定”方法进行测定。

七、实验结果

参照式（3-25）～式（3-27）计算试样校正吸光度和空白实验校正吸光度差值 A_r，样品中总氮的质量浓度 ρ（mg/L）按下式进行计算。

$$\rho = \frac{(A_r - a)f}{bV} \tag{3-28}$$

式中 ρ——样品中总氮（以 N 计）的质量浓度，mg/L；

A_r——试样的校正吸光度与空白实验校正吸光度的差值；

a——校准曲线的截距；

b——校准曲线的斜率；

V——试样体积，mL；

f——稀释倍数。

当测定结果小于 1.00mg/L 时，保留到小数点后两位；大于等于 1.00mg/L 时，保留三位有效数字。

八、精密度和准确度

1. 精密度

6 家实验室对总氮质量浓度为 0.20、1.52 和 4.78mg/L 的统一样品进行了测定，实验室内相对标准偏差分别为 4.1%～13.8%、0.6%～4.3%、0.8%～3.4%；实验室间相对标准偏差分别为 8.4%、2.7%、1.8%；重复性限分别为 0.06mg/L、0.14mg/L、0.27mg/L；再现性限分别为 0.07mg/L、0.17mg/L、0.35mg/L。

2. 准确度

6 家实验室对总氮质量浓度分别为（1.52±0.10）mg/L 和（4.78±0.34）mg/L 的有证

标准样品进行了测定，相对误差分别为1.3%～5.3%、0.2%～4.2%；相对误差最终值（$\overline{RE}\pm 2S_{\overline{RE}}$）分别为2.6%±2.8%、1.5%±3.2%。

九、质量保证与质量控制

（1）校准曲线的相关系数 r 应大于等于0.999。

（2）每批样品应至少做一个空白实验，空白实验的校正吸光度 A_b 应小于0.030。超过该值时应检查实验用水、试剂（主要是氢氧化钠和过硫酸钾）纯度、器皿和高压蒸汽灭菌器的污染状况。

（3）每批样品应至少测定10%的平行双样，样品数量少于10时，应至少测定一个平行双样。当样品总氮质量浓度≤1.00mg/L时，测定结果相对偏差应≤10%；当样品总氮质量浓度＞1.00mg/L时，测定结果相对偏差应≤5%。测定结果以平行双样的平均值报出。

（4）每批样品应测定一个校准曲线中间点浓度的标准溶液，其测定结果与校准曲线该点浓度的相对误差应≤10%。否则，须重新绘制校准曲线。

（5）每批样品应至少测定10%的加标样品，样品数量少于10时，应至少测定一个加标样品，加标回收率应在90%～110%之间。

十、注意事项

（1）某些含氮有机物在本标准规定的测定条件下不能完全转化为硝酸盐。

（2）测定应在无氨的实验室环境中进行，避免环境交叉污染对测定结果产生影响。

（3）实验所用的器皿和高压蒸汽灭菌器等均应无氮污染。实验中所用的玻璃器皿应用盐酸溶液（1+9）或硫酸溶液（1+35）浸泡，用自来水冲洗后再用无氨水冲洗数次，洗净后立即使用。高压蒸汽灭菌器应每周清洗。

（4）在碱性过硫酸钾溶液配制过程中，温度过高会导致过硫酸钾分解失效，因此要控制水浴温度在60℃以下，而且应待氢氧化钠溶液温度冷却至室温后，再将其与过硫酸钾溶液混合、定容。

（5）使用高压蒸汽灭菌器时，应定期检定压力表，并检查橡胶密封圈密封情况，避免因漏气而减压。

十一、实验报告

（1）包含实验目的和意义、原始实验数据记录表、实验数据的处理、实验结果的分析与讨论、实验结论。

（2）实验报告要工整。

十二、思考题

（1）水中的总氮包括哪些氮？

（2）测定水质总氮的意义是什么？

实验 21 水质 石油类和动植物油类的测定——红外分光光度法

一、实验目的

（1）掌握水中油类污染物的类别。

（2）掌握红外分光光度法测定水中石油类和动植物油类含量的方法和步骤。

二、术语和定义

1. 油类

指在 pH≤2 的条件下，能够被四氯乙烯萃取且在波数为 $2930cm^{-1}$、$2960cm^{-1}$ 和 $3030cm^{-1}$ 处有特征吸收的物质，主要包括石油类和动植物油类。

2. 石油类

指在 pH≤2 的条件下，能够被四氯乙烯萃取且不被硅酸镁吸附的物质。

3. 动植物油类

指在 pH≤2 的条件下，能够被四氯乙烯萃取且被硅酸镁吸附的物质。

三、方法要点

本方法适用于工业废水和生活污水中的石油类和动植物油类的测定。

当取样体积为 500mL，萃取液体积为 50mL，使用 4cm 石英比色皿时，方法检出限为 0.06mg/L，测定下限为 0.24mg/L。

水样在 pH≤2 的条件下用四氯乙烯萃取后，测定油类；将萃取液用硅酸镁吸附去除动植物油类等极性物质后，测定石油类。油类和石油类的含量均由波数分别为 $2930cm^{-1}$（CH_2 基团中 C—H 键的伸缩振动）、$2960cm^{-1}$（CH_3 基团中 C—H 键的伸缩振动）和 $3030cm^{-1}$（芳香环中 C—H 键的伸缩振动）处的吸光度 A_{2930}、A_{2960} 和 A_{3030}，根据校正系数进行计算；动植物油类的含量为油类与石油类含量之差。

四、仪器、设备和试剂

1. 仪器、设备

（1）红外测油仪或红外分光光度计：能在 $2930cm^{-1}$、$2960cm^{-1}$、$3030cm^{-1}$ 处测量吸光度，并配有 4cm 带盖石英比色皿。

（2）水平振荡器。

（3）采样瓶：500mL 广口玻璃瓶。

（4）玻璃漏斗。

（5）三角瓶：50mL，具塞磨口。

（6）比色管：25mL、50mL，具塞磨口。

（7）分液漏斗：1000mL，具聚四氟乙烯旋塞。

（8）量筒：1000mL。

（9）一般实验室常用器皿和设备。

2. 试剂

除非另有说明，分析时均使用符合国家标准的分析纯化学试剂，实验用水为蒸馏水或同等纯度的水。

（1）盐酸：$\rho(HCl)=1.19g/mL$，优级纯。

（2）盐酸溶液：1+1。用盐酸（$\rho=1.19g/mL$）配制。

（3）四氯乙烯（C_2Cl_4）：以干燥4cm空石英比色皿为参比，在2800～3100cm^{-1}之间使用4cm石英比色皿测定四氯乙烯，2930cm^{-1}、2960cm^{-1}、3030cm^{-1}处吸光度应分别不超过0.34、0.07、0。

（4）正十六烷（$C_{16}H_{34}$）：色谱纯。

（5）异辛烷（C_8H_{18}）：色谱纯。

（6）苯（C_6H_6）：色谱纯。

（7）无水硫酸钠（Na_2SO_4）。置于马弗炉内550℃下加热4h，稍冷后装入磨口玻璃瓶中，置于干燥器内贮存。

（8）硅酸镁（$MgSiO_3$）：150～250μm（100目～60目）。取硅酸镁于瓷蒸发皿中，置于马弗炉内550℃加热4h，稍冷后移入干燥器中冷却至室温。称取适量的硅酸镁于磨口玻璃瓶中，根据硅酸镁的质量，按6%（质量分数）比例加入适量的蒸馏水，密塞并充分振荡，放置12h后使用，于磨口玻璃瓶内保存。

（9）玻璃棉。使用前，将玻璃棉用四氯乙烯浸泡洗涤，晾干备用。

（10）正十六烷标准贮备液：$\rho\approx10000mg/L$。称取1.0g（准确至0.1mg）正十六烷于100mL容量瓶中，用四氯乙烯定容，摇匀。0～4℃冷藏、避光，可保存1年。

（11）正十六烷标准使用液：$\rho=1000mg/L$。将正十六烷标准贮备液（$\rho\approx10000mg/L$）用四氯乙烯稀释定容于100mL容量瓶中。

（12）异辛烷标准贮备液：$\rho\approx10000mg/L$。称取1.0g（准确至0.1mg）异辛烷于100mL容量瓶中，用四氯乙烯定容，摇匀。0～4℃冷藏、避光，可保存1年。

（13）异辛烷标准使用液：$\rho=1000mg/L$。将异辛烷标准贮备液（$\rho\approx10000mg/L$）用四氯乙烯稀释定容于100mL容量瓶中。

（14）苯标准贮备液：$\rho\approx10000mg/L$。称取1.0g（准确至0.1mg）苯于100mL容量瓶中，用四氯乙烯定容，摇匀。0℃～4℃冷藏、避光可保存1年。

（15）苯标准使用液：$\rho=1000mg/L$。将苯标准贮备液（$\rho\approx10000mg/L$）用四氯乙烯稀释定容于100mL容量瓶中。

（16）石油类标准贮备液：$\rho\approx10000mg/L$。按65∶25∶10（体积比）的比例，量取正十六烷、异辛烷和苯配制混合物。称取1.0g（准确至0.1mg）混合物于100mL容量瓶中，用四氯乙烯定容，摇匀。0～4℃冷藏、避光，可保存1年。

注：也可按5∶3∶1（体积比）的比例，量取正十六烷、姥鲛烷和甲苯配制混合物。

（17）石油类标准使用液：$\rho=1000mg/L$。将石油类标准贮备液（$\rho\approx10000mg/L$）用四氯乙烯稀释定容于100mL容量瓶中。

（18）吸附柱。在内径 10mm，长约 200mm 的玻璃柱出口处填塞少量的玻璃棉，将硅酸镁缓缓倒入玻璃柱中，边倒边轻轻敲打，填充高度约为 80mm。

五、样品采集、保存与制备

1. 样品采集

参照《地表水环境质量监测技术规范》的相关规定用采样瓶采集约 500mL 水样后，加入盐酸溶液（1+1）酸化至 pH≤2。

2. 样品保存

如样品不能在 24h 内测定，应在 0～4℃冷藏保存，3d 内测定。

3. 试样的制备

1）油类试样的制备

将样品转移至 1000mL 分液漏斗中，量取 50mL 的四氯乙烯洗涤样品瓶后，全部转移至分液漏斗中，充分振荡 2min，并经常开启旋塞排气，静置分层；用镊子取玻璃棉置于玻璃漏斗，取适量的无水硫酸钠铺于上面；打开分液漏斗旋塞，将下层有机相萃取液通过装有无水硫酸钠的玻璃漏斗放至 50mL 比色管中，用适量四氯乙烯润洗玻璃漏斗，润洗液合并至萃取液中，用四氯乙烯定容至刻度。将上层水相全部转移至量筒，测量样品体积并记录。

注：可使用自动萃取替代手动萃取；可用硅酸铝过滤棉替代玻璃棉，硅酸铝过滤棉使用前应置于马弗炉内 550℃下加热 4h，冷却后使用。

2）石油类试样的制备

（1）振荡吸附法。取 25mL 萃取液，倒入装有 5g 硅酸镁的 50mL 三角瓶，置于水平振荡器上，连续振荡 20min，静置，将玻璃棉置于玻璃漏斗中，萃取液倒入玻璃漏斗过滤至 25mL 比色管，用于测定石油类。

（2）吸附柱法。取适量的萃取液过硅酸镁吸附柱，弃去前 5mL 滤出液，余下部分接入 25mL 比色管中，用于测定石油类。

4. 空白试样的制备

用实验用水加入盐酸溶液（1+1）酸化至 pH≤2，按照与“试样的制备”相同的步骤进行空白试样的制备。

六、实验步骤

1. 校准

分别量取 2.00mL 正十六烷标准使用液（ρ=1000mg/L）、2.00mL 异辛烷标准使用液（ρ=1000mg/L）和 10.00mL 苯标准使用液（ρ=1000mg/L）于 3 个 100mL 容量瓶中，用四氯乙烯定容至标线，摇匀。正十六烷、异辛烷和苯标准溶液的质量浓度分别为 20.0mg/L、20.0mg/L 和 100mg/L。

以 4cm 石英比色皿加入四氯乙烯为参比，分别测量正十六烷、异辛烷和苯标准溶液在 2930cm^{-1}、2960cm^{-1}、3030cm^{-1} 处的吸光度 A_{2930}、A_{2960}、A_{3030}。将正十六烷、异辛烷和苯标准溶液在上述波数处的吸光度按照公式（3-29）联立方程式，经求解后分别得到相应

的校正系数 X、Y、Z 和 F。

$$\rho = XA_{2930} + YA_{2960} + Z\left(A_{3030} - \frac{A_{2930}}{F}\right) \tag{3-29}$$

式中 ρ——四氯乙烯中油类的质量浓度，mg/L；

A_{2930}、A_{2960}、A_{3030}——各对应波数下测得的吸光度；

X——与 CH_2 基团中 C—H 键吸光度相对应的系数，mg/(L·吸光度)；

Y——与 CH_3 基团中 C—H 键吸光度相对应的系数，mg/(L·吸光度)；

Z——与芳香环中 C—H 键吸光度相对应的系数，mg/(L·吸光度)；

F——脂肪烃对芳香烃影响的校正因子，即正十六烷在 $2930cm^{-1}$ 与 $3030cm^{-1}$ 处的吸光度之比。

对于正十六烷和异辛烷，其芳香烃质量浓度为零，即 $A_{3030} - A_{2930}/F = 0$，则有：

$$F = \frac{A_{2930}(H)}{A_{3030}(H)} \tag{3-30}$$

$$\rho(H) = XA_{2930}(H) + YA_{2960}(H) \tag{3-31}$$

$$\rho(I) = XA_{2930}(I) + YA_{2960}(I) \tag{3-32}$$

由公式（3-30）可得 F 值，由公式（3-31）和（3-32）可得 X 和 Y 值。对于苯，则有：

$$\rho(B) = XA_{2930}(B) + YA_{2960}(B) + Z\left(A_{3030}(B) - \frac{A_{2930}(B)}{F}\right) \tag{3-33}$$

式中 $\rho(H)$——正十六烷标准溶液的质量浓度，mg/L；

$\rho(I)$——异辛烷标准溶液的质量浓度，mg/L；

$\rho(B)$——苯标准溶液的质量浓度，mg/L；

$A_{2930}(H)$、$A_{2960}(H)$、$A_{3030}(H)$——各对应波数下测得正十六烷标准溶液的吸光度；

$A_{2930}(I)$、$A_{2960}(I)$、$A_{3030}(I)$——各对应波数下测得异辛烷标准溶液的吸光度；

$A_{2930}(B)$、$A_{2960}(B)$、$A_{3030}(B)$——各对应波数下测得苯标准溶液的吸光度。

由公式（3-33）可得 Z 值。

2. 测定

1）油类的测定

将制备的油类试样萃取液转移至 4cm 石英比色皿中，以四氯乙烯作参比，于 $2930cm^{-1}$、$2960cm^{-1}$、$3030cm^{-1}$ 处测量其吸光度 A_{2930}、A_{2960}、A_{3030}。

2）石油类的测定

将经硅酸镁吸附后的制备的石油类试样萃取液转移至 4cm 石英比色皿中，以四氯乙烯作参比，于 $2930cm^{-1}$、$2960cm^{-1}$、$3030cm^{-1}$ 处测量其吸光度 A_{2930}、A_{2960}、A_{3030}。

3. 空白试样的测定

按与以上试样测定相同的步骤，进行空白试样的测定。

七、实验结果

1. 油类或石油类质量浓度结果的表示

样品中油类或石油类质量浓度按下式计算：

$$\rho=\left[XA_{2930}+YA_{2960}+Z\left(A_{3030}-\frac{A_{2930}}{F}\right)\right]\times\frac{V_0D}{V_w}-\rho_0 \tag{3-34}$$

式中 ρ——样品中油类或石油类的质量浓度，mg/L；

ρ_0——空白样品中油类或石油类的质量浓度，mg/L；

X——与 CH_2 基团中 C—H 键吸光度相对应的系数，mg/(L·吸光度)；

Y——与 CH_3 基团中 C—H 键吸光度相对应的系数，mg/(L·吸光度)；

Z——与芳香环中 C—H 键吸光度相对应的系数，mg/(L·吸光度)；

F——脂肪烃对芳香烃影响的校正因子，即正十六烷在 $2930cm^{-1}$ 与 $3030cm^{-1}$ 处的吸光度之比；

A_{2930}、A_{2960}、A_{3030}——各对应波数下测得的吸光度；

V_0——萃取溶剂的体积，mL；

V_w——样品体积，mL；

D——萃取液稀释倍数。

测定结果小数点后位数的保留与方法检出限一致，最多保留 3 位有效数字。

2. 动植物油类质量浓度结果的表示

样品中动植物油类质量浓度按下式计算：

$$\rho(\text{动植物油类})=\rho(\text{油类})-\rho(\text{石油类}) \tag{3-35}$$

式中 ρ(动植物油类)——样品中动植物油类的质量浓度，mg/L；

ρ(油类)——样品中油类的质量浓度，mg/L；

ρ(石油类)——样品中石油类的质量浓度，mg/L。

测定结果小数点后位数的保留与方法检出限一致，最多保留 3 位有效数字。

八、精密度和准确度

1. 精密度

6 家实验室对配制浓度为 0.20mg/L、1.00mgL、4.00mg/L 的石油类样品进行 6 次重复测定。实验室内相对标准偏差范围分别为 2.4%～13%、0.8%～4.7%和 0.8%～3.6%；实验室间相对标准偏差分别为 20%、9.7%和 5.9%；重复性限 r 分别为 0.05mg/L、0.08mg/L 和 0.26mg/L；再现性限 R 分别为 0.13mg/L、0.26mg/L 和 0.65mg/L。6 家实验室对含石油类质量浓度为 0.94mg/L、1.84mg/L 的工业废水以及生活污水两种不同类型的实际样品进行 6 次重复测定。实验室内相对标准偏差范围分别为 1.1%～4.7%和 1.0%～5.2%；实验室间相对标准偏差分别为 6.2%和 9.1%；重复性限 r 分别为 0.09mg/L 和 0.17mg/L；再现性限 R 分别为 0.18mg/L 和 0.50mg/L。

2. 准确度

6 家实验室分别对空白样品进行了加标分析测定，加标量分别为 0.10mg、0.50mg、2.00mg，重复测定 6 次。加标回收率范围分别为 75%～138%、78%～104%、81%～95%；加标回收率最终值分别为 111%±44%、94%±18%、91%±11%。6 家实验室分别对工业废水以及生活污水两种不同类型的实际水样进行石油类加标回收率测定，加标量分别为

0.50mg、1.00mg，重复测定6次。加标回收率范围分别为84%～98%、81%～100%；加标回收率最终值分别是92%±11%和91%±15%。

九、质量保证与质量控制

1. 四氯乙烯品质检验

四氯乙烯须避光保存。使用前须进行四氯乙烯品质检验和判定，确认符合要求后方可使用。

2. 空白实验

每分析一批（20个）样品至少做1个实验室空白实验，空白实验结果应低于方法测定下限。

3. 校准检验

1）校正系数的检验

每批样品均应进行校正系数的检验，使用时根据所需浓度，取适量石油类标准使用液（ρ=1000mg/L），以四氯乙烯为溶剂配制适当浓度的石油类标准溶液，按“实验步骤”中“测定”相同的步骤进行测定，按照公式（3-29）计算石油类标准溶液的浓度。如果测定值与标准值的相对误差在±10%以内，则校正系数可采用，否则重新测定校正系数并检验，直至符合条件为止。

每季度至少测定3个浓度点的标准溶液进行校正系数的检验。

2）标准样品检验

必要时，使用有证标准物质/样品进行检验。

十、注意事项

（1）同一批样品测定所使用的四氯乙烯应来自同一瓶，如样品数量多，可将多瓶四氯乙烯混合均匀后使用。

（2）所有使用完的器皿置于通风橱内挥发完后清洗。

（3）对于动植物油类质量浓度>130mg/L的废水，萃取液需要稀释后再按照试样的制备步骤操作。

十一、实验报告

（1）包含实验目的和意义、原始实验数据记录表、实验数据的处理、实验结果的分析与讨论、实验结论。

（2）实验报告要工整。

十二、思考题

（1）水中油类污染物都有哪些类别？

（2）水中石油类物质的测定还可以用哪些方法？

实验 22 水质 钙和镁总量的测定——EDTA 滴定法

一、实验目的

（1）掌握 EDTA 滴定法的原理。

（2）掌握 EDTA 滴定法测定钙和镁离子的方法和步骤。

二、方法要点

本方法不适用于含盐量高的水，诸如海水。本方法测定的最低物质的量浓度为 0.05mmol/L。

在 pH 10 的条件下，用 EDTA 溶液络合滴定钙和镁离子。铬黑 T 作指示剂，与钙和镁生成紫红或紫色溶液。滴定中，游离的钙和镁离子首先与 EDTA 反应，跟指示剂络合的钙和镁离子随后与 EDTA 反应，到达终点时溶液的颜色由紫变为天蓝色。

三、仪器和试剂

1. 仪器

（1）常用的实验室仪器。

（2）滴定管：50mL，分刻度至 0.10mL。

2. 试剂

分析中只使用公认的分析纯试剂和蒸馏水，或纯度与之相当的水。

1）缓冲溶液（pH=10）

（1）称取 1.25gEDTA 二钠镁（$C_{10}H_{12}N_2O_8Na_2Mg$）和 16.9g 氯化铵（NH_4Cl）溶于 143mL 浓的氨水（$NH_3 \cdot H_2O$）中，用水稀释至 250mL。因各地试剂质量有出入，配好的溶液应按以下（2）方法进行检查和调整。

（2）如无 EDTA 二钠镁，可先将 16.9g 氯化铵溶于 143mL 氨水。另取 0.78g 硫酸镁（$MgSO_4 \cdot 7H_2O$）和 1.179gEDTA 二钠二水合物（$C_{10}H_{14}N_2O_8Na_2 \cdot 2H_2O$）溶于 50mL 水，加入 2mL 配好的氯化铵、氨水溶液和 0.2g 左右铬黑 T 指示剂干粉。此时溶液应显紫红色，如出现天蓝色，应再加入极少量硫酸镁使变为紫红色。逐滴加入 EDTA 二钠溶液（≈10mmol/L）直至溶液由紫红转变为天蓝色为止（切勿过量）。将两溶液合并，加蒸馏水定容至 250mL。如果合并后，溶液又转为紫色，在计算结果时应减去试剂空白。

2）EDTA 二钠标准溶液（≈10mmol/L）

（1）制备。将一份 EDTA 二钠二水合物在 80℃干燥 2h，放入干燥器中冷至室温，称取 3.725g 溶于水，在容量瓶中定容至 1000mL，盛放在聚乙烯瓶中，定期校对其浓度。

（2）标定。按 GB 7476—87 中步骤 2 测定的操作方法，用钙标准溶液（10mmol/L）标定 EDTA 二钠溶液。取 20.0mL 钙标准溶液（10mmol/L）稀释至 50mL。

（3）浓度计算。EDTA 二钠溶液的物质的量浓度 c_1（mmol/L）用下式计算：

$$c_1=\frac{c_2V_2}{V_1} \tag{3-36}$$

式中　c_2——钙标准溶液的物质的量浓度，mmol/L；

V_2——钙标准溶液的体积，mL；

V_1——标定中消耗的 EDTA 二钠溶液体积，mL。

3）钙标准溶液（10mmol/L）

将一份碳酸钙（$CaCO_3$）在 150℃干燥 2h，取出放在干燥器中冷至室温，称取 1.001g 于 500mL 锥形瓶中，用水润湿。逐滴加入 4mol/L 盐酸至碳酸钙全部溶解，避免滴入过量酸。加 200mL 水，煮沸数分钟赶除二氧化碳，冷至室温，加入数滴甲基红指示剂溶液（0.1g 溶于 100mL 60%乙醇），逐滴加入 3mol/L 氨水至变为橙色，在容量瓶中定容至 1000mL。此溶液 1.00mL 含 0.4008mg（0.01mmol）钙。

4）铬黑 T 指示剂

将 0.5g 铬黑 T［$HOC_{10}H_6N:N_{10}H_4(OH)(NO_2)SO_3Na$，又名媒染黑 11，学名为 1-(1-羟基-2-萘基偶氮)-6-硝基-2-萘酚-4-磺酸钠盐］溶于 100mL 三乙醇胺［$N(CH_2CH_2OH)_3$］，可最多用 25mL 乙醇代替三乙醇胺以减少溶液的黏性，盛放在棕色瓶中。或者配成铬黑 T 指示剂干粉，称取 0.5g 铬黑 T 与 100g 氯化钠（NaCl，GB 1266—2006）充分混合，研磨后通过 40～50 目，盛放在棕色瓶中，紧塞。

5）氢氧化钠溶液（2mol/L）

将 8g 氢氧化钠（NaOH）溶于 100mL 新鲜蒸馏水中。盛放在聚乙烯瓶中，避免空气中二氧化碳的污染。

6）氰化钠（NaCN）

注：氯化钠是剧毒品，取用和处置时必须十分谨慎小心，采取必要的防护。含氰化钠的溶液不可酸化。

7）三乙醇胺［$N(CH_2CH_2OH)_3$］

四、样品采集与保存

采集水样可用硬质玻璃瓶（或聚乙烯容器），采样前先将瓶洗净。采样时用水冲洗 3 次，再采集于瓶中。

采集自来水及有抽水设备的井水时，应先放水数分钟，使积留在水管中的杂质流出，然后将水样收集于瓶中。采集无抽水设备的井水或江、河、湖等地面水时，可将采样设备浸入水中，使采样瓶口位于水面下 20～30cm，然后拉开瓶塞，使水进入瓶中。

水样采集后尽快送往实验室，应于 24h 内完成测定。否则，每升水样中应加 2mL 浓硝酸作保存剂（使 pH 降至 1.5 左右）。

五、实验步骤

1. 试样的制备

一般样品不需预处理。如样品中存在大量微小颗粒物，须在采样后尽快用 0.45μm 孔径滤器过滤。样品经过滤，可能有少量钙和镁被滤除。

试样中钙和镁总量超出 3.6mmol/L 时，应稀释至低于此浓度，记录稀释因子 F。

如试样经过酸化保存，可用计算量的氢氧化钠溶液（2mol/L）中和。计算结果时，应把样品或试样由于加酸或碱的稀释考虑在内。

2. 测定

用移液管吸取 50.0mL 试样于 250mL 锥形瓶中，加 4mL 缓冲溶液（pH=10）和 3 滴铬黑 T 指示剂溶液或 50～100mg 指示剂干粉，此时溶液应呈紫红或紫色，其 pH 值应为 10.0±0.1。为防止产生沉淀，应立即在不断振摇下，自滴定管加入 EDTA 二钠溶液（≈10mmol/L），开始滴定时速度宜稍快，接近终点时应稍慢，并充分振摇，最好每滴间隔 2～3s，溶液的颜色由紫红或紫色逐渐转为蓝色，在最后一点紫的色调消失，刚出现天蓝色时即为终点，整个滴定过程应在 5min 内完成。记录消耗 EDTA 二钠溶液的体积。

如试样含铁离子为 30mg/L 或以下，在临滴定前加入 250mg 氰化钠或几毫升三乙醇胺掩蔽。氰化物使锌、铜、钴的干扰减至最小。加氰化物前必须保证溶液呈碱性。

试样如含正磷酸盐和碳酸盐，在滴定的 pH 条件下，可能使钙生成沉淀，一些有机物可能干扰测定。

如上述干扰未能消除，或存在铝、钡、铅、锰等离子干扰时，须改用原子吸收法测定。

六、实验结果

钙和镁总物质的量浓度 c（mmol/L）用下式计算：

$$c=\frac{c_1V_1}{V_0} \tag{3-37}$$

式中 c_1——EDTA 二钠溶液的物质的量浓度，mmol/L；

V_1——滴定中消耗 EDTA 二钠溶液的体积，mL；

V_0——试样体积，mL。

如试样经过稀释，采用稀释因子 F 修正计算。

1mmol/L 的钙镁总量相当于 100.1mg/L 以 $CaCO_3$ 表示的硬度。

七、精密度

本方法的重复性为±0.04mmol/L，约相当于±2 滴 EDTA 二钠溶液。

八、实验报告

（1）包含实验目的和意义、原始实验数据记录表、实验数据的处理、实验结果的分析与讨论、实验结论。

（2）实验报告要工整。

九、思考题

（1）正常饮用水的钙、镁离子物质的量浓度是多少？

（2）引起水体钙、镁离子浓度超出正常范围的因素有哪些？

实验23　水质　镉的测定——双硫腙分光光度法

一、实验目的

（1）掌握双硫腙分光光度法的原理。

（2）掌握用双硫腙分光光度法测定镉含量的方法和步骤。

二、方法要点

本方法适用于测定天然水和废水中微量镉。测定镉的浓度范围在1～50μg/L之间，镉浓度高于50μg/L时，可对样品作适当稀释后再进行测定。当使用光程长为20mm比色皿，试份体积为100mL时，检出限为1μg/L。本方法用氯仿萃取，在最大吸光波长518nm处测量时，其摩尔吸光系数为8.56×10^4 L/mol·cm。

在强碱性溶液中，镉离子与双硫腙生成红色络合物，用氯仿萃取后，于518nm波长处进行分光光度测定，从而求出镉的含量。水样经酸消解处理后，可测得水样中的总镉量。

在此方法规定的条件下，天然水中正常存在的金属浓度不干扰测定。

分析水样中存在下列金属离子不干扰测定：铅20mg/L、锌30mg/L、铜40mg/L、锰4mg/L、铁4mg/L。镁离子质量浓度达20mg/L时，需要多加酒石酸钾钠掩蔽。

一般的室内光线不影响双硫腙镉的颜色。

三、仪器和试剂

1. 仪器

所用玻璃器皿，包括取样瓶，在使用前应先用盐酸溶液（6mol/L）浸泡，然后用自来水和去离子水彻底冲洗洁净。

（1）分光光度计：具10、30mm光程比色皿。

（2）分液漏斗：125、250mL，最好带聚氟乙烯活塞。

2. 试剂

本标准所用试剂除另有说明外，均为分析纯试剂。实验中均应用不含镉的水或同等纯度的去离子水配制所有的试液和溶液。无镉水：用全玻璃蒸馏器对一般蒸馏水进行重蒸馏。

（1）硝酸（HNO_3）：$\rho=1.4$g/mL。

硝酸溶液（体积分数为2%）：取20mL硝酸（$\rho=1.4$g/mL）用水稀释到1000mL。

硝酸溶液（体积分数为0.2%）：取2mL硝酸（$\rho=1.4$g/mL）用水稀释到1000mL。

（2）盐酸（HCl）：$\rho=1.18$g/mL。

盐酸溶液（6mol/L）：取500mL盐酸（$\rho=1.18$g/mL）用水稀释到1000mL。

（3）氨水（$NH_3\cdot H_2O$）：$\rho=0.90$g/mL。

氨水溶液（1+100）：取10mL氨水（$\rho=0.90$g/mL）用水稀释到1000mL。

（4）高氯酸（$HClO_4$）：$\rho=1.75$g/mL。

（5）氯仿（$CHCl_3$）。

(6) 氢氧化钠 (NaOH) 溶液：6mol/L。溶解 240g 氢氧化钠于煮沸放冷的水中并稀释到 1000mL。

(7) 盐酸羟胺溶液：20% (质量浓度)。称取 20g 盐酸羟胺 ($NH_2OH \cdot HCl$) 溶于水中并稀释至 100mL。

(8) 40%氢氧化钠-1%氰化钾溶液。称取 400g 氢氧化钠和 10g 氰化钾 (KCN) 溶于水中并稀释至 1000mL，贮存于聚乙烯瓶中。

注：此溶液剧毒，因氰化钾是剧毒药品，因此称量和配制溶液时要特别小心，取时要戴胶皮手套，避免沾污皮肤。禁止用嘴通过移液管来吸取氰化钾溶液。

(9) 40%氢氧化钠-0.05%氰化钾溶液。称取 400g 氢氧化钠和 0.5g 氰化钾溶于水中并稀释至 1L，贮存于聚乙烯瓶中。

(10) 双硫腙氯仿贮备液 (质量浓度为 0.2%)。称取 0.5g 双硫腙 ($C_{13}H_{12}N_4S$) 溶于 250mL 氯仿中，贮于棕色瓶中，放置在冰箱内。如双硫腙试剂不纯，可用下述步骤提纯：

称取 0.5g 双硫腙溶于 100mL 氯仿中，滤去不溶物，滤液置于分液漏斗中，每次用 20mL 氨水 (1+100) 提取五次，此时双硫腙进入水层，合并水层，然后用盐酸 (6mol/L) 中和，再用 250mL 氯仿分三次提取，合并氯仿层，将此双硫腙氯仿溶液放入棕色瓶中，保存于冰箱内备用。

(11) 双硫腙氯仿溶液 (质量浓度为 0.01%)。临用前将双硫腙氯仿贮备液 (0.2%) 用氯仿稀释 20 倍。

(12) 双硫腙氯仿溶液 (质量浓度为 0.002%)。临用前将双硫腙氯仿溶液 (0.01%) 用氯仿稀释约 5 倍，稀释后溶液的透光率为 40%±1% (用 10mm 比色皿，在波长 518nm 处以氯仿调零测量)。

(13) 酒石酸钾钠溶液 (质量浓度为 50%)。称取 100g 四水酒石酸钾钠 ($C_4H_4O_6KNa \cdot 4H_2O$) 溶于水中，稀释至 200mL。

(14) 酒石酸溶液 (质量分数为 2%)。称取 20g 酒石酸 ($C_4H_6O_6$) 溶于水中，稀释至 1L，贮于冰箱内。

(15) 镉标准贮备溶液。称取 0.100g 金属镉 (Cd，99.9%) 于 100mL 烧杯中，加 10mL 盐酸 (6mol/L) 及 0.5mL 硝酸 (ρ = 1.4g/mL)，温热至完全溶解，定量移入 1000mL 容量瓶中，用水稀释至标线，每毫升此溶液含 100μg 镉，贮存在聚乙烯瓶中。

(16) 镉标准溶液。吸取 5.00mL 镉标准贮备溶液放入 500mL 容量瓶中，加入 5mL 盐酸 (ρ=1.18g/mL)，再用水稀释至标线，摇匀，贮存于聚乙烯瓶中，每毫升此溶液含 1.00μg 镉。

(18) 百里酚蓝溶液 (质量浓度为 0.1%)。溶解 0.10g 百里酚蓝于 100mL 乙醇中。

四、样品采集与制备

1. 实验室样品

按照国家标准规定及根据待测水的类型提出的特殊建议进行采样，采用聚乙烯瓶贮存样品。采样瓶在使用前应先用硝酸溶液 (2%) 浸泡 24h，然后用去离子水冲洗干净。水样采集后，每 1000mL 水样立即加入 2.0mL 硝酸 (ρ=1.4g/mL) 加以酸化 (pH 约为 1.5)。

2. 试样

除非证明水样的消化处理是不必要的，例如：不含悬浮物的地下水和清洁地面水可直接测定。否则要按下述两种情况进行预处理：

（1）比较浑浊的地面水，每100mL水样加入1mL硝酸（ρ=1.4g/mL），置于电热板上微沸消解10min，冷却后用快速滤纸过滤，滤纸用硝酸（0.2%）洗涤数次，然后用硝酸（0.2%）稀释到一定体积，供测定用。

（2）含悬浮物和有机质较多的地面水或废水，每100mL水样加入5mL硝酸（ρ=1.4g/mL），在电热板上加热，消解到10mL左右，稍冷却，再加入5mL硝酸（ρ=1.4g/mL）和2mL高氯酸（ρ=1.75g/mL）后，继续加热消解，蒸至近干。冷却后用硝酸溶液（0.2%）温热溶解残渣，冷却后，用快速滤纸过滤，滤纸用硝酸溶液（0.2%）洗涤数次，滤液应用硝酸溶液（0.2%）稀释定容，供测定用。

每分析一批试样要平行做两个空白实验。

3. 试份

吸取含1～10μg镉的适量试样放入250mL分液漏斗中，用水补充至100mL，加入3滴百里酚蓝溶液（0.1%），用氢氧化钠溶液（6mol/L）或盐酸溶液（6mol/L）调节到刚好出现稳定的黄色，此时溶液的pH值为2.8，备作测定用。

五、实验步骤

1. 测定

1）显色萃取

（1）向样品采集的试份中加入1mL酒石酸钾钠溶液（50%）、5mL氢氧化钠-氰化钾溶液及1mL盐酸羟胺溶液（20%），每加入一种试剂后均须摇匀，特别是加入酒石酸钾钠溶液后须充分摇匀。

（2）加入15mL双硫腙氯仿溶液（0.01%），振摇1min，此步骤应迅速进行操作。

（3）打开分液漏斗塞子放气（不要通过转动下面的活塞放气）。将氯仿层放入第二套已盛有25mL冷酒石酸溶液（2%）的125mL分液漏斗内，再用10mL氯仿洗涤第一套分液漏斗，摇动1min后，将氯仿层再放入第二套分液漏斗中，注意勿使水溶液进入第二套分液漏斗中。加入双硫腙以后，要立即进行以上两次萃取（双硫腙镉和被氯仿饱和的强碱长时间接触后会分解）。摇动第二套分液漏斗2min，然后弃去氯仿层。

（4）加入5mL氯仿于第二套分液漏斗中，摇动1min，弃去氯仿层，分离越仔细越好。按次序加入0.25mL盐酸羟胺溶液（20%）和15.0mL双硫腙氯仿溶液（0.002%）及5mL氢氧化钠-氰化钾溶液，立即摇动1min，待分层后，将氯仿层通过一小团洁净脱脂棉滤入30mm比色皿中。

2）吸光度的测量

立即在518nm的最大吸收波长处，以氯仿为参比测量氯仿层吸光度（注意第一次采用本方法时，应检验最大吸光度波长，以后的测定中均使用此波长）。由测量所得吸光度扣除空白实验吸光度值后，从校准曲线上查出镉量，然后按公式（3-38）计算样品中的镉的含量。

2. 空白实验

按样品采集中试份和实验步骤中测定的方法进行处理，但用100mL蒸馏水代替试份。

3. 校准

（1）制备一组校准溶液：向一系列250mL分液漏斗中分别加入镉标准溶液（1.00μg/

mL）0、0.25、0.50、1.00、3.00、5.00mL，各加适量蒸馏水以补充到100mL，加入3滴百里酚蓝溶液（0.1%），用氢氧化钠溶液（6mol/L）调节到刚好出现稳定的黄色，此时溶液pH为2.8。

（2）显色萃取：按“实验步骤”中“显色萃取”的步骤进行操作。

（3）吸光度的测量：按“实验步骤”中“吸光度的测量”步骤进行操作。

（4）校准曲线的绘制：从上一步测得的吸光度扣除试剂空白（零浓度）的吸光度后，绘制30mm比色皿光程的吸光度对镉量的曲线。这条校准线应为通过原点的直线。

（5）定期检查校准曲线，特别在每次使用一批新试剂时要检查。

六、实验结果

样品中镉的质量浓度 c(mg/L) 由下式计算：

$$c=\frac{m}{V} \tag{3-38}$$

式中 m——从校准曲线上求得镉的质量，μg；

V——用于测定的水样体积，mL。

结果以二位有效数字表示。

七、精密度和准确度

3个实验室分析含镉0.020mg/L的统一分发的标准溶液，实验室内相对标准偏差为1.6%，实验室总相对标准偏差为1.4%，相对误差为1.5%。

八、实验报告

（1）包含实验目的和意义、原始实验数据记录表、实验数据的处理、实验结果的分析与讨论、实验结论。

（2）实验报告要工整。

九、思考题

（1）双硫腙分光光度法还可以测定水中哪些元素的含量？

（2）水中镉的含量，还可以用什么方法测得？

实验24 水质 铁、锰的测定——火焰原子吸收分光光度法

一、实验目的

（1）掌握火焰原子吸收分光光度法的工作原理。

（2）掌握用火焰原子吸收分光光度法测定铁、锰含量的方法和步骤。

二、方法要点

本方法适用于地面水、地下水及工业废水中铁、锰的测定。铁、锰的检测限分别是0.03mg/L和0.01mg/L，校准曲线的浓度范围分别为0.1～5mg/L和0.05～3mg/L。

将样品或消解处理过的样品直接吸入火焰中，铁、锰的化合物易于原子化，可分别于248.3mm和279.5nm处测量铁、锰基态原子对其空心阴极灯特征辐射的吸收。在一定条件下，吸光度与待测样品中金属质量浓度成正比。

三、仪器和试剂

1. 仪器

（1）原子吸收分光光度计。

（2）铁、锰空心阴极灯。

（3）乙炔钢瓶或乙炔发生器。

（4）空气压缩机，应备有除水、除油、除尘装置。

（5）仪器工作条件：不同型号仪器的最佳测试条件不同，可参照仪器说明书自行选择。

（6）一般实验室仪器：所用玻璃及塑料器皿用前在硝酸溶液（1+1）中浸泡24h以上，然后用水清洗干净。

2. 试剂

本标准所用试剂除另有说明外，均使用符合国家标准或专业标准的分析纯试剂和去离子水或同等纯度的水。

（1）硝酸（HNO_3）：ρ=1.42g/mL，优级纯。

（2）硝酸（HNO_3）：ρ=1.42g/mL，分析纯。

（3）盐酸（HCl）：ρ=1.19g/mL，优级纯。

（4）硝酸溶液：1+1，用硝酸（ρ=1.42g/mL，分析纯）配制。

（5）硝酸溶液：1+99，用硝酸（ρ=1.42g/mL，优级纯）配制。

（6）盐酸溶液：1+99，用盐酸（ρ=1.19g/mL，优级纯）配制。

（7）盐酸溶液：1+1，用盐酸（ρ=1.19g/mL，优级纯）配制。

（8）氯化钙溶液：10g/L，将无水氯化钙（$CaCl_2$）2.7750g溶于水并稀释至100mL。

（9）铁标准贮备液：称取光谱纯金属铁1.0000g（准确到0.0001g），用60mL盐酸溶液（1+1）溶解，用去离子水准确稀释至1000mL。

（10）锰标准贮备液：称取1.0000g光谱纯金属锰，准确到0.0001g（称前用稀硫酸洗去表面氧化物，再用去离子水洗去酸，烘干，在干燥器中冷却后，尽快称取），用10mL硝酸溶液（1+1）溶解。当锰完全溶解后，用盐酸溶液（1+99）准确稀释至1000mL。

（11）铁、锰混合标准操作液：分别移取铁贮备液50.00mL、锰标准贮备液25.00mL于1000mL容量瓶中，用盐酸溶液（1+99）稀释至标线，摇匀。此溶液中铁、锰的质量浓度分别为50.0mg/L和25.0mg/L。

四、样品采集与制备

（1）采样前，所用聚乙烯瓶先用洗涤剂洗净，再用硝酸（1+1）浸泡24h以上，然后用水冲洗干净。

（2）若仅测定可过滤态铁锰，样品采集后尽快通过 0.45μm 滤膜过滤，并立即加硝酸（ρ=1.42g/mL，优级纯）酸化滤液，使 pH 为 1～2。

（3）测定铁、锰总量时，采集样品后立即按上一步的要求酸化。

五、实验步骤

1. 试料

测定铁、锰总量时，样品通常需要消解。混匀后分取适量实验室样品于烧杯中。每 100mL 水样加 5mL 硝酸（ρ=1.42g/mL，优级纯），置于电热板上在近沸状态下将样品蒸至近干，冷却后再加入硝酸（ρ=1.42g/mL，优级纯）重复上述步骤一次。必要时再加入硝酸（ρ=1.42g/mL，优级纯）或高氯酸，直至消解完全，应蒸至近干，加盐酸溶液（1+99）溶解残渣，若有沉淀，用定量滤纸将其滤入 50mL 容量瓶中，加氯化钙溶液（10g/L）1mL，以盐酸溶液（1+99）稀释至标线。

2. 空白实验

用水代替试料做空白实验。采用相同的步骤，且与采样和测定中所用的试剂用量相同。在测定样品的同时，测定空白。

3. 干扰

（1）影响铁、锰原子吸收法准确度的主要干扰是化学干扰，当硅的质量浓度大于 20mg/L 时，对铁的测定产生负干扰；当硅的质量浓度大于 50mg/L 时，对锰的测定也出现负干扰，这些干扰的程度随着硅的质量浓度增加而增加。如试样中存在 200mg/L 氯化钙时，上述干扰可以消除。一般来说，铁、锰的火焰原子吸收法的基体干扰不严重，由分子吸收或光散射造成的背景吸收也可忽略，但遇到高矿化度水样，有背景吸收时，应采用背景校正措施，或将水样适当稀释后再测定。

（2）铁、锰的光谱线较复杂，为克服光谱干扰，应选择小的光谱通带。

4. 校准曲线的绘制

分别取铁、锰混合标准操作液于 50mL 容量瓶中，用盐酸溶液（1+99）稀释至标线，摇匀。至少应配制 5 个标准溶液，且待测元素的质量浓度应落在这一标准系列范围内。根据仪器说明书选择最佳参数，用盐酸溶液（1+99）调零后，在选定的条件下测量其相应的吸光度，绘制校准曲线。在测量过程中，要定期检查校准曲线。

5. 测量

在测量标准系列溶液的同时，测量样品溶液及空白溶液的吸光度。由样品吸光度减去空白吸光度，从校准曲线上求得样品溶液中铁、锰的质量浓度。测量可过滤态铁、锰时，用“样品采集与制备”中步骤（2）制备的试样直接喷入进行测量。测量铁、锰总量时，用“实验步骤”中的试料。

六、实验结果

实验室样品中的铁、锰质量浓度按下式计算：

$$\rho=\frac{m}{V} \tag{3-39}$$

式中　ρ——实验室样品中铁、锰质量浓度，mg/L；

m——试料中的铁、锰质量，μg；

V——分取水样的体积，mL。

七、精密度和准确度

13 个实验室测定含铁 2.00mg/L、含锰 1.00mg/L 的统一样品，其重复性相对标准偏差分别为 1.00%和 0.62%；再现性相对标准偏差分别为 1.36%和 1.63%。铁的加标回收率为 93.3%～102.5%，锰的加标回收率为 94.9%～105.9%。

八、实验报告

（1）包含实验目的和意义、原始实验数据记录表、实验数据的处理、实验结果的分析与讨论、实验结论。

（2）实验报告要工整。

九、思考题

（1）火焰原子吸收分光光度法还可以测定水中哪些元素的含量？

（2）火焰原子吸收分光光度法有哪些优缺点？

实验 25　水质　无机阴离子（F^-、Cl^-、NO_2^-、Br^-、NO_3^-、PO_4^{3-}、SO_3^{2-}、SO_4^{2-}）的测定——离子色谱法

一、实验目的

（1）掌握离子色谱法的工作原理。

（2）掌握用离子色谱法测定无机阴离子含量的方法和步骤。

二、方法要点

本方法适用于地表水、地下水、工业废水和生活污水中 8 种可溶性无机阴离子（F^-、Cl^-、NO_2^-、Br^-、NO_3^-、PO_4^{3-}、SO_3^{2-}、SO_4^{2-}）的测定。

水质样品中的阴离子，经阴离子色谱柱交换分离，抑制型电导检测器检测，根据保留时间定性，峰高或峰面积定量。

当进样量为 25μL 时，本方法 8 种可溶性无机阴离子的方法检出限和测定下限见表 3-14。

表 3-14 方法检出限和测定下限

离子名称	F^-	Cl^-	NO_2^-	Br^-	NO_3^-	PO_4^{3-}	SO_3^{2-}	SO_4^{2-}
方法检出限/(mg/L)	0.006	0.007	0.016	0.016	0.016	0.051	0.046	0.018
测定下限/(mg/L)	0.024	0.028	0.064	0.064	0.064	0.204	0.184	0.072

三、干扰及消除

(1) 样品中的某些疏水性化合物可能会影响色谱分离效果及色谱柱的使用寿命，可采用 RP 柱或 C_{18} 柱处理消除或减少其影响。

(2) 样品中的重金属和过渡金属会影响色谱柱的使用寿命，可采用 H 柱或 Na 柱处理减少其影响。

(3) 对保留时间相近的 2 种阴离子，当其浓度相差较大而影响低浓度离子的测定时，可通过稀释、调节流速、改变碳酸钠和碳酸氢钠浓度比例，或选用氢氧根淋洗等方式消除和减少干扰。

(4) 当选用碳酸钠和碳酸氢钠淋洗液，水负峰干扰 F^- 的测定时，可在样品与标准溶液中分别加入适量相同浓度和等体积的淋洗液，以减小水负峰对 F^- 的干扰。

四、仪器、设备和试剂

1. 仪器、设备

(1) 离子色谱仪：由离子色谱仪、操作软件及所需附件组成的分析系统。

① 色谱柱：阴离子分离柱（聚二乙烯基苯/乙基乙烯苯/聚乙烯醇基质，具有烷基季铵或烷醇季铵功能团、亲水性、高容量色谱柱）和阴离子保护柱。一次进样可测定本方法规定的 8 种阴离子，峰的分离度不低于 1.5。

② 阴离子抑制器。

③ 电导检测器。

(2) 抽气过滤装置：配有孔径≤0.45μm 的醋酸纤维或聚乙烯滤膜。

(3) 一次性水系微孔滤膜针筒过滤器：孔径 0.45μm。

(4) 一次性注射器：1～10mL。

(5) 预处理柱：聚苯乙烯-二乙烯基苯为基质的 RP 柱或硅胶为基质键合 C_{18} 柱（去除疏水性化合物）；H 型强酸性阳离子交换柱或 Na 型强酸性阳离子交换柱（去除重金属和过渡金属离子）等类型。

(6) 一般实验室常用仪器和设备。

2. 试剂

除非另有说明，分析时均使用符合国家标准的分析纯试剂。实验用水为电阻率≥18MΩ·cm（25℃），并经过 0.45μm 微孔滤膜过滤的去离子水。

(1) 氟化钠（NaF）：优级纯，使用前应于 105℃±5℃ 干燥恒重后，置于干燥器中保存。

(2) 氯化钠（NaCl）：优级纯，使用前应于 105℃±5℃ 干燥恒重后，置于干燥器中保存。

(3) 溴化钾 (KBr)：优级纯，使用前应于 105℃±5℃干燥恒重后，置于干燥器中保存。

(4) 亚硝酸钠 ($NaNO_2$)：优级纯，使用前应置于干燥器中平衡 24h。

(5) 硝酸钾 (KNO_3)：优级纯，使用前应于 105℃±5℃干燥恒重后，置于干燥器中保存。

(6) 磷酸二氢钾 (KH_2PO_4)：优级纯，使用前应于 105℃±5℃干燥恒重后，置于干燥器中保存。

(7) 亚硫酸钠 (Na_2SO_3)：优级纯，使用前应置于干燥器中平衡 24h。

(8) 甲醛 (CH_2O)：纯度 40%。

(9) 无水硫酸钠 (Na_2SO_4)：优级纯，使用前应于 105℃±5℃干燥恒重后，置于干燥器中保存。

(10) 碳酸钠 (Na_2CO_3)：使用前应于 105℃±5℃干燥恒重后，置于干燥器中保存。

(11) 碳酸氢钠 ($NaHCO_3$)：使用前应置于干燥器中平衡 24h。

(12) 氢氧化钠 (NaOH)：优级纯。

(13) 氟离子标准贮备液：$\rho(F^-)=1000mg/L$。准确称取 2.2100g 氟化钠溶于适量水中，全量移入 1000mL 容量瓶，用水稀释定容至标线，混匀。转移至聚乙烯瓶中，于 4℃以下冷藏、避光和密封可保存 6 个月。亦可购买市售有证标准物质。

(14) 氯离子标准贮备液：$\rho(Cl^-)=1000mg/L$。准确称取 1.6485g 氯化钠溶于适量水中，全量转入 1000mL 容量瓶，用水稀释定容至标线，混匀。转移至聚乙烯瓶中，于 4℃以下冷藏、避光和密封可保存 6 个月。亦可购买市售有证标准物质。

(15) 溴离子标准贮备液：$\rho(Br^-)=1000mg/L$。准确称取 1.4875g 溴化钾溶于适量水中，全量转入 1000mL 容量瓶，用水稀释定容至标线，混匀。转移至聚乙烯瓶中，于 4℃以下冷藏、避光和密封可保存 6 个月。亦可购买市售有证标准物质。

(16) 亚硝酸根标准贮备液：$\rho(NO_2^-)=1000mg/L$。准确称取 1.4997g 亚硝酸钠溶于适量水中，全量转入 1000mL 容量瓶，用水稀释定容至标线，混匀。转移至聚乙烯瓶中，于 4℃以下冷藏、避光和密封可保存 1 个月。亦可购买市售有证标准物质。

(17) 硝酸根标准贮备液：$\rho(NO_3^-)=1000mg/L$。准确称取 1.6304g 硝酸钾溶于适量水中，全量转入 1000mL 容量瓶，用水稀释定容至标线，混匀。转移至聚乙烯瓶中，于 4℃以下冷藏、避光和密封可保存 6 个月。亦可购买市售有证标准物质。

(18) 磷酸根标准贮备液：$\rho(PO_4^{3-})=1000mg/L$。准确称取 1.4316g 磷酸二氢钾溶于适量水中，全量转入 1000mL 容量瓶，用水稀释定容至标线，混匀。转移至聚乙烯瓶中，于 4℃以下冷藏、避光和密封可保存 1 个月。亦可购买市售有证标准物质。

(19) 亚硫酸根标准贮备液：$\rho(SO_3^{2-})=1000mg/L$。准确称取 1.5750g 亚硫酸钠溶于适量水中，全量转入 1000mL 容量瓶，加入 1mL 甲醛进行固定（为防止 SO_3^{2-} 氧化），用水稀释定容至标线，混匀。转移至聚乙烯瓶中，于 4℃以下冷藏、避光和密封可保存 1 个月。

(20) 硫酸根标准贮备液：$\rho(SO_4^{2-})=1000mg/L$。准确称取 1.4792g 无水硫酸钠溶于适量水中，全量转入 1000mL 容量瓶，用水稀释定容至标线，混匀。转移至聚乙烯瓶中，于 4℃以下冷藏、避光和密封可保存 6 个月。亦可购买市售有证标准物质。

(21) 混合标准使用液。分别移取 10.0mL 氟离子标准贮备液 [$\rho(F^-)=1000mg/L$]、

200.0mL 氯离子标准贮备液 [$\rho(Cl^-)=1000mg/L$]、10.0mL 溴离子标准贮备液 [$\rho(Br^-)=1000mg/L$]、10.0mL 亚硝酸根标准贮备液 [$\rho(NO_2^-)=1000mg/L$]、100.0mL 硝酸根标准贮备液 [$\rho(NO_3^-)=1000mg/L$]、50.0mL 磷酸根标准贮备液 [$\rho(PO_4^{3-})=1000mg/L$]、50.0mL 亚硫酸根标准贮备液 [$\rho(SO_3^{2-})=1000mg/L$]、200.0mL 硫酸根标准贮备液 [$\rho(SO_4^{2-})=1000mg/L$] 于 1000mL 容量瓶中，用水稀释定容至标线，混匀。配制成含有 10mg/L 的 F^-、200mg/L 的 Cl^-、10mg/L 的 Br^-、10mg/L 的 NO_2^-、100mg/L 的 NO_3^-、50mg/L 的 PO_4^{3-}、50mg/L 的 SO_3^{2-} 和 200mg/L 的 SO_4^{2-} 的混合标准使用液。

(22) 淋洗液。根据仪器型号及色谱柱说明书使用条件进行配制。以下给出的淋洗液条件供参考。

① 碳酸盐淋洗液Ⅰ：$c(Na_2CO_3)=6.0mmol/L$，$c(NaHCO_3)=5.0mmol/L$。准确称取 1.2720g 碳酸钠和 0.8400g 碳酸氢钠，分别溶于适量水中，全量转入 2000mL 容量瓶，用水稀释定容至标线，混匀。

② 碳酸盐淋洗液Ⅱ：$c(Na_2CO_3)=3.2mmol/L$，$c(NaHCO_3)=1.0mmol/L$。准确称取 0.6784g 碳酸钠和 0.1680g 碳酸氢钠，分别溶于适量水中，全量转入 2000mL 容量瓶，用水稀释定容至标线，混匀。

③ 氢氧根淋洗液（由仪器自动在线生成或手工配制）。

a. 氢氧化钾淋洗液：由淋洗液自动电解发生器在线生成。

b. 氢氧化钠淋洗液：$c(NaOH)=100mmol/L$。称取 100.0g 氢氧化钠，加入 100mL 水，搅拌至完全溶解，于聚乙烯瓶中静置 24h，制得氢氧化钠贮备液，于 4℃以下冷藏、避光和密封可保存 3 个月。移取 5.20mL 上述氢氧化钠贮备液于 1000mL 容量瓶中，用水稀释定容至标线，混匀后立即转移至淋洗液瓶中。可加氮气保护，以减缓碱性淋洗液吸收空气中的 CO_2 而失效。

五、样品采集、保存与制备

1. 样品的采集和保存

按照《水质 采样技术指导》、《地表水环境质量监测技术规范》和《地下水环境监测技术规范》的相关规定进行样品的采集。若测定 SO_3^{2-}，样品采集后，须立即加入 0.1%的甲醛进行固定；其余阴离子的测定不需加固定剂。采集的样品应尽快分析，若不能及时测定，应经抽气过滤装置过滤，于 4℃以下冷藏、避光保存。不同待测离子的保存时间和容器材质要求见表 3-15。

表 3-15 水样的保存条件和要求

离子名称	盛放容器的材质	保存时间
F^-	聚乙烯瓶	14 天
Cl^-	硬质玻璃瓶或聚乙烯瓶	30 天
Br^-	硬质玻璃瓶或聚乙烯瓶	2 天
NO_2^-	硬质玻璃瓶或聚乙烯瓶	2 天
NO_3^-	硬质玻璃瓶或聚乙烯瓶	7 天

续表

离子名称	盛放容器的材质	保存时间
PO_4^{3-}	硬质玻璃瓶或聚乙烯瓶	2天
SO_3^{2-}	硬质玻璃瓶或聚乙烯瓶	7天
SO_4^{2-}	硬质玻璃瓶或聚乙烯瓶	30天

2. 试样的制备

对于不含疏水性化合物、重金属或过渡金属离子等干扰物质的清洁水样，经抽气过滤装置过滤后，可直接进样；也可用带有水系微孔滤膜针筒过滤器的一次性注射器进样。对含干扰物质的复杂水质样品，须用相应的预处理柱进行有效去除后再进样。

3. 空白试样的制备

以实验用水代替样品，按照与试样的制备相同步骤制备实验室空白试样。

六、实验步骤

1. 离子色谱分析参考条件

根据仪器使用说明书优化测量条件或参数，可按照实际样品的基体及组成优化淋洗液浓度。以下给出的离子色谱分析条件供参考。

1）参考条件1

阴离子分离柱。碳酸盐淋洗液Ⅰ，流速为1.0mL/min，抑制型电导检测器，连续自循环再生抑制器；或者碳酸盐淋洗液Ⅱ，流速为0.7mL/min，抑制型电导检测器，连续自循环再生抑制器，CO_2 抑制器。进样量：25μL。此参考条件下的阴离子标准溶液色谱图见图3-3和图3-4。

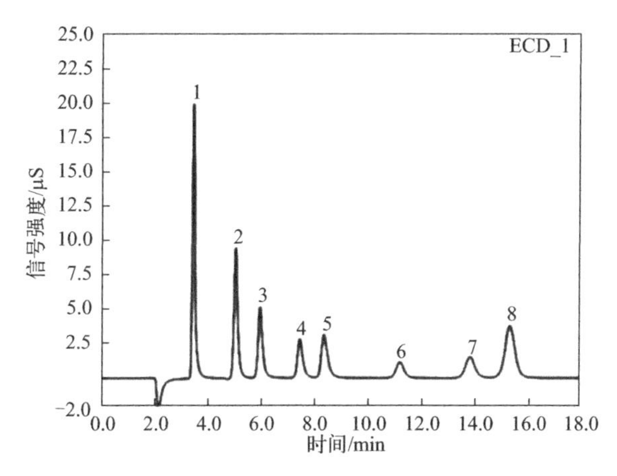

图3-3 8种阴离子标准溶液色谱图（碳酸盐体系Ⅰ）

1—F^-；2—Cl^-；3—NO_2^-；4—Br^-；5—NO_3^-；6—HPO_4^{2-}；7—SO_3^{2-}；8—SO_4^{2-}

2）参考条件2

阴离子分离柱。氢氧根淋洗液，流速为1.2mL/min，梯度淋洗条件见表3-16，抑制型电导检测器，连续自循环再生抑制器。进样量：25μL。此参考条件下的阴离子标准溶液色谱图见图3-5。

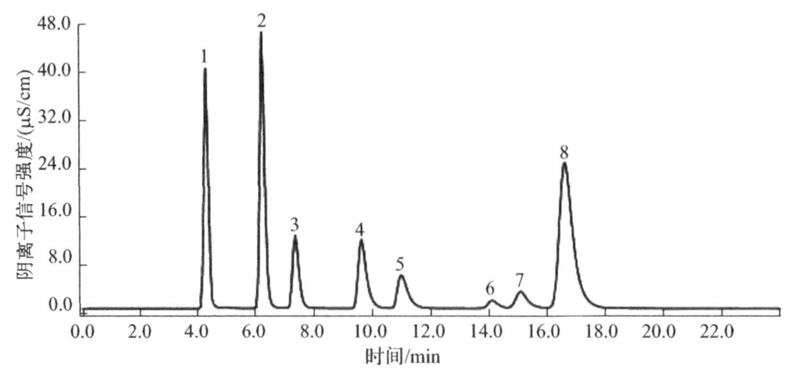

图 3-4　8 种阴离子标准溶液色谱图（碳酸盐体系Ⅱ）

1—F^-；2—Cl^-；3—NO_2^-；4—Br^-；5—NO_3^-；6—HPO_4^{2-}；7—SO_3^{2-}；8—SO_4^{2-}

表 3-16　氢氧根淋洗液梯度程序分析条件

时间/min	A(H_2O)	B(100mmol/L NaOH)
0	90%	10%
25	40%	60%
25.1	90%	10%
30	90%	10%

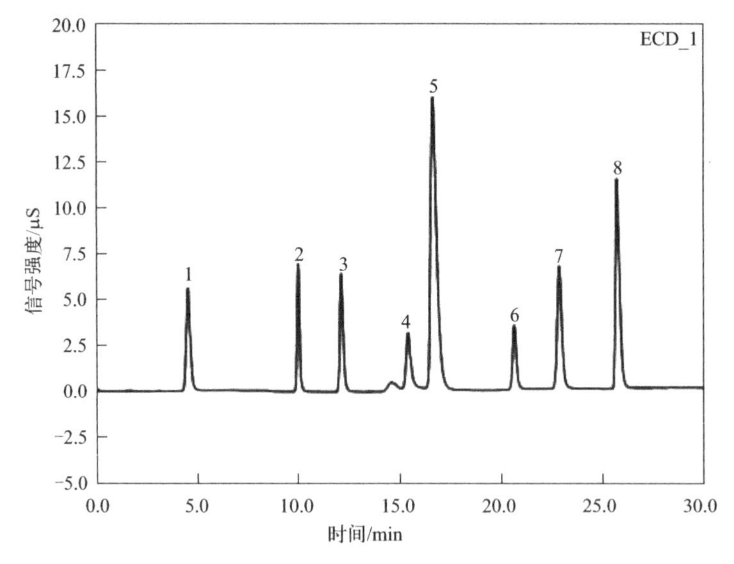

图 3-5　8 种阴离子标准溶液色谱图（氢氧根体系）

1—F^-；2—Cl^-；3—NO_2^-；4—SO_3^{2-}；5—SO_4^{2-}；6—Br^-；7—NO_3^-；8—PO_4^{3-}

2. 标准曲线的绘制

分别准确移取 0.00mL、1.00mL、2.00mL、5.00mL、10.0mL、20.0mL 混合标准使用液置于一组 100mL 容量瓶中，用水稀释定容至标线，混匀。配制成 6 个不同浓度的混合标准系列，标准系列质量浓度见表 3-17。可根据被测样品的浓度确定合适的标准系列浓度范围。按其浓度由低到高的顺序依次注入离子色谱仪，记录峰面积（或峰高）。以各离子的质量浓度为横坐标，峰面积（或峰高）为纵坐标，绘制标准曲线。

表3-17 阴离子标准系列质量浓度

离子名称	标准系列质量浓度/(mg/L)					
F^-	0.00	0.10	0.20	0.50	1.00	2.00
Cl^-	0.00	2.00	4.00	10.0	20.0	40.0
Br^-	0.00	0.10	0.20	0.50	1.00	2.00
NO_2^-	0.00	0.10	0.20	0.50	1.00	2.00
NO_3^-	0.00	1.00	2.00	5.00	10.0	20.0
PO_4^{3-}	0.00	0.50	1.00	2.50	5.00	10.0
SO_3^{2-}	0.00	0.50	1.00	2.50	5.00	10.0
SO_4^{2-}	0.00	2.00	4.00	10.0	20.0	40.0

3. 试样的测定

按照与绘制标准曲线相同的色谱条件和步骤，将制备的试样注入离子色谱仪测定阴离子浓度，以保留时间定性，仪器响应值定量。

注： 若测定结果超出标准曲线范围，应将样品用实验用水稀释处理后重新测定；可预先稀释50至100倍后试进样，再根据所得结果选择适当的稀释倍数重新进样分析，同时记录样品稀释倍数（f）。

4. 空白实验

按照与“试样的测定”相同的色谱条件和步骤，将空白试样注入离子色谱仪测定阴离子浓度，以保留时间定性，仪器响应值定量。

七、实验结果

样品中无机阴离子（F^-、Cl^-、NO_2^-、Br^-、NO_3^-、PO_4^{3-}、SO_3^{2-}、SO_4^{2-}）的质量浓度 ρ 按照下式计算：

$$\rho=\frac{h-h_0-a}{b}\times f \tag{3-40}$$

式中 ρ——样品中阴离子的质量浓度，mg/L；

h——试样中阴离子的峰面积（或峰高）；

h_0——实验室空白试样中阴离子的峰面积（或峰高）；

a——回归方程的截距；

b——回归方程的斜率；

f——样品的稀释倍数。

当样品质量浓度小于1mg/L时，结果保留至小数点后三位；当样品质量浓度大于或等于1mg/L时，结果保留三位有效数字。

八、精密度和准确度

1. 精密度

7家实验室对含F^-、Cl^-、NO_2^-、Br^-、NO_3^-、PO_4^{3-}、SO_3^{2-}、SO_4^{2-}不同浓度水平

的统一样品进行了测试，实验室内相对标准偏差范围在0.1%～5.7%之间；实验室间相对标准偏差范围在1.4%～5.8%之间。

2. 准确度

7家实验室对不同类型的水样统一基质加标样品进行了测定，加标回收率范围在81.7%～118.3%之间。

九、质量保证与质量控制

1. 空白实验

每批次（≤20个）样品应至少做2个实验室空白实验，空白实验结果应低于方法检出限。否则应查明原因，重新分析直至合格之后才能测定样品。

2. 相关性检验

标准曲线的相关系数应≥0.995，否则应重新绘制标准曲线。

3. 连续校准

每批次（≤20个）样品，应分析一个标准曲线中间点浓度的标准溶液，其测定结果与标准曲线该点浓度之间的相对误差应≤10%。否则，应重新绘制标准曲线。

4. 精密度控制

每批次（≤20个）样品，应至少测定10%的平行双样，样品数量少于10个时，应至少测定1个平行双样。平行双样测定结果的相对偏差应≤10%。

5. 准确度控制

每批次（≤20个）样品，应至少做1个加标回收率测定，实际样品的加标回收率应控制在80%～120%之间。

十、注意事项

（1）由于SO_3^{2-}在环境中极易氧化成SO_4^{2-}，为防止其氧化，可在配制SO_3^{2-}贮备液时，加入0.1%甲醛进行固定。校准系列可采用7+1方式制备，即配置成7种阴离子混合标准系列和SO_3^{2-}单独标准系列。

（2）分析废水样品时，所用的预处理柱应能有效去除样品基质中的疏水性化合物、重金属或过渡金属离子，同时对测定的阴离子不发生吸附。

十一、实验报告

（1）包含实验目的和意义、原始实验数据记录表、实验数据的处理、实验结果的分析与讨论、实验结论。

（2）实验报告要工整。

十二、思考题

（1）用离子色谱法分析水样中的阴离子时，宜选用何种检测器、分离柱、抑制柱和洗提液？

(2) 水中的多种阳离子，是否可以用离子色谱法分析？

实验26 水质 细菌总数的测定——平皿计数法

一、实验目的

(1) 掌握各种有关微生物实验仪器的工作原理和使用方法。

(2) 掌握平皿计数法测定水中细菌总数的技术方法。

二、方法要点

本方法适用于地表水、地下水、生活污水和工业废水中细菌总数的测定。

将样品接种于营养琼脂培养基中，在特定的物理条件（36℃）下培养48h，生长的需氧菌和兼性厌氧菌总数即为样品中细菌菌落的总数。

三、术语和定义

1. 细菌总数

36℃培养48h，样品在营养琼脂上所生长的需氧菌和兼性厌氧菌菌落总数。

2. 菌落形成单位（CFU）

单位体积样品中的细菌群落总数。

四、干扰及消除

(1) 活性氯具有氧化性，能破坏微生物细胞内的酶活性，导致细胞死亡，可在样品采集时加入硫代硫酸钠溶液（ρ=0.10g/mL）消除干扰。

(2) 重金属离子具有细胞毒性，能破坏微生物细胞内的酶活性，导致细胞死亡，可在样品采集时加入乙二胺四乙酸二钠溶液（ρ=0.15g/mL）消除干扰。

五、仪器、设备和试剂

1. 仪器、设备

(1) 采样瓶：250mL带螺旋帽或磨口塞的广口玻璃瓶。

(2) 高压蒸汽灭菌器：115℃、121℃可调。

(3) 恒温培养箱：允许温度偏差36℃±1℃。

(4) 恒温水浴锅：47℃可调。

(5) pH计：准确到0.1 pH单位。

(6) 放大镜或菌落计数器。

(7) 一般实验室常用仪器和设备。

注：玻璃器皿及采样器具实验前要按无菌操作要求包扎，121℃高压蒸汽灭菌20min备用。

2. 试剂

除非另有说明，分析时均使用符合国家标准的分析纯试剂或生物试剂，实验用水为蒸馏水或去离子水。

(1) 营养琼脂培养基。成分：蛋白胨10g，牛肉膏3g，氯化钠5g，琼脂15～20g。将上述成分或含有上述成分的市售成品溶解于1000mL水中，调节pH至7.4～7.6，分装于玻璃容器中，经121℃高压蒸汽灭菌20min，储存于冷暗处备用。避光、干燥保存，必要时在5℃±3℃冰箱中保存，不得超过1个月。配制好的营养琼脂培养基不能进行多次融化操作，以少量勤配为宜。当培养基颜色变化或脱水明显时应废弃不用。

(2) 无菌水：取适量实验用水，经121℃高压蒸汽灭菌20min，备用。

(3) 硫代硫酸钠（$Na_2S_2O_3 \cdot 5H_2O$）。

(4) 乙二胺四乙酸二钠（$C_{10}H_{14}N_2O_8Na_2 \cdot 2H_2O$）。

(5) 硫代硫酸钠溶液：$\rho(Na_2S_2O_3)=0.10g/mL$。称取15.7g硫代硫酸钠，溶于适量水中，定容至100mL，临用现配。

(6) 乙二胺四乙酸二钠溶液：$\rho(C_{10}H_{14}N_2O_8Na_2 \cdot 2H_2O)=0.15g/mL$。称取15g乙二胺四乙酸二钠，溶于适量水中，定容至100mL，此溶液可保存30d。

(7) 玻璃珠：直径3～8mm。

六、样品采集与保存

1. 样品采集

点位布设及采样频次按照《水质　湖泊和水库采样技术指导》、《水质　采样技术指导》和《地表水环境质量监测技术规范》的相关规定执行。

采集微生物样品时，采样瓶不得用样品洗涤，采集样品于灭菌的采样瓶中。

采集河流、湖库等地表水样品时，可握住瓶子下部直接将带塞采样瓶插入水中，距水面10～15cm处，瓶口朝水流方向，拔瓶塞，使样品灌入瓶内然后盖上瓶塞，将采样瓶从水中取出。如果没有水流，可握住瓶子水平往前推。采样量一般为采样瓶容量的80%左右。样品采集完毕后，迅速扎上无菌包装纸。

从龙头装置采集样品时，不要选用漏水龙头，采水前将龙头打开至最大，放水3～5min，然后将龙头关闭，用火焰灼烧约3min灭菌或用70%～75%的酒精对龙头进行消毒，开足龙头，再放水1min，以充分除去水管中的滞留杂质。采样时控制水流速度，小心接入瓶内。

采集地表水、废水样品及一定深度的样品时，也可使用灭菌过的专用采样装置采样。

在同一采样点进行分层采样时，应自上而下进行，以免不同层次的搅扰。

如果采集的是含有活性氯的样品，需在采样瓶灭菌前加入硫代硫酸钠溶液（$\rho=0.10g/mL$），以除去活性氯对细菌的抑制作用（每125mL容积加入0.1mL硫代硫酸钠溶液）；如果采集的是重金属离子含量较高的样品，则在采样瓶灭菌前加入乙二胺四乙酸二钠溶液（$\rho=0.15g/mL$），以消除干扰（每125mL容积加入0.3mL乙二胺四乙酸二钠溶液）。

注： 15.7mg硫代硫酸钠可去除样品中1.5mg活性氯，硫代硫酸钠用量可根据样品实际活性氯量调整。

2. 样品保存

采样后应在2h内检测，否则，应于10℃以下冷藏但不得超过6h。实验室接样后，不能立即开展检测的，将样品于 4℃以下冷藏并在 2h 内检测。

七、实验步骤

1. 样品稀释

将样品用力振摇 20～25 次，使可能存在的细菌凝团分散。根据样品污染程度确定稀释倍数。以无菌操作方式吸取 10mL 充分混匀的样品，注入盛有 90mL 无菌水的三角烧瓶中（可放适量的玻璃珠），混匀成 1∶10 稀释样品。吸取 1∶10 的稀释样品 10mL 注入盛有 90mL 无菌水的三角烧瓶中，混匀成 1∶100 稀释样品。按同法依次稀释成 1∶1000、1∶10000 稀释样品。每个样品至少应稀释 3 个适宜浓度。

注： 吸取不同浓度的稀释液时，每次必须更换移液管。

2. 接种

以无菌操作方式用 1mL 灭菌的移液管吸取充分混匀的样品或稀释样品 1mL，注入灭菌平皿中，倾注 15～20mL 冷却到 44～47℃的营养琼脂培养基，并立即旋摇平皿，使样品或稀释样品与培养基充分混匀。每个样品或稀释样品倾注 2 个平皿。

3. 培养

待平皿内的营养琼脂培养基冷却凝固后，翻转平皿，使底面向上（避免因表面水分凝结而影响细菌均匀生长），在 36℃±1℃条件下，恒温培养箱内培养 48h±2h 后观察结果。

4. 空白实验

用无菌水做实验室空白测定，培养后平皿上不得有菌落生长，否则，该次样品测定结果无效，应查明原因后重新测定。

八、实验结果

1. 结果分析

平皿上有较大片状菌落且超过平皿的一半时，该平皿不参加计数。

片状菌落不到平皿的一半，而其余一半菌落分布又很均匀时，将此分布均匀的菌落计数，并乘以 2 代表全皿菌落总数。

外观（形态或颜色）相似，距离相近却不相触的菌落，只要它们之间的距离不小于最小菌落的直径，予以计数。紧密接触而外观相异的菌落，予以计数。

2. 结果计算

以每个平皿菌落的总数或平均数（同一稀释倍数两个重复平皿的平均数）乘以稀释倍数来计算 1mL 样品中的细菌总数。各种不同情况的计算方法如下：

优先选择平均菌落数在 30～300 之间的平皿进行计数，当只有一个稀释倍数的平均菌落数符合此范围时，以该平均菌落数乘以其稀释倍数为细菌总数测定值（见表 3-18 示例 1）。

若有两个稀释倍数平均菌落数在 30～300 之间，计算二者的比值（二者分别乘以其稀释倍数后，较大值与较小值之比）。若其比值小于 2，以两者的平均数为细菌总数测定值；若大于或等于 2，则以稀释倍数较小的菌落总数为细菌总数测定值（见表 3-18 示例 2、示例 3、示例 4）。

若所有稀释倍数的平均菌落数均大于 300，则以稀释倍数最大的平均菌落数乘以稀释倍数为细菌总数测定值（见表 3-18 示例 5）。

若所有稀释倍数的平均菌落数均小于 30，则以稀释倍数最小的平均菌落数乘以稀释倍数为细菌总数测定值（见表 3-18 示例 6）。

若所有稀释倍数的平均菌落数均不在 30～300 之间，则以最接近 300 或 30 的平均菌落数乘以稀释倍数为细菌总数测定值（见表 3-18 示例 7）。

表 3-18 稀释倍数选择及菌落总数测定值

示例	不同稀释倍数的平均菌落数			两个稀释倍数菌落数之比	菌落浓度/(CFU/mL)
	10	100	1000		
1	1365	164	20	—	16400
2	2760	295	46	1.6	37750
3	2890	271	60	2.2	27100
4	150	30	8	2	1500
5	无法计数	1650	513	—	513000
6	27	11	5	—	270
7	无法计数	305	12	—	30500

3. 结果表示

测定结果保留至整数位，最多保留两位有效数字，当测定结果≥100CFU/mL 时，以科学计数法表示；若未稀释的原液的平皿上无菌落生长，则以“未检出”或“<1CFU/mL”表示。

九、精密度和准确度

1. 精密度

6 个实验室分别对低浓度（地下水，浓度均值为 39CFU/mL）、中浓度（地表水，浓度均值为 2.5×10^3CFU/mL）和高浓度（生活污水，浓度均值为 1.3×10^5CFU/mL）三个不同浓度细菌总数的样品及有证标准样品（浓度为 95MPN/mL，可接受范围为 22～168MPN/mL）进行了 6 次重复测定：实验室内相对标准偏差范围分别为 2.4%～6.2%、0.6%～1.8%、0.3%～1.3%和 1.7%～5.6%；实验室间相对标准偏差分别为 18%、4.7%、2.4%和 3.7%；实验室间 95%置信区间见表 3-19。

表 3-19 实验室间 95%置信区间

低浓度/(CFU/mL)		中浓度/(CFU/mL)		高浓度/(CFU/mL)		有证标准样品/(CFU/mL)	
均值	95%置信区间	均值	95%置信区间	均值	95%置信区间	均值	95%置信区间
39	31～50	2.5×10^3	1.7×10^3～3.6×10^3	1.3×10^5	9.8×10^4～1.8×10^5	65	55～76

2. 准确度

6 个实验室对含细菌总数浓度为 95MPN/mL 的标准样品进行了 6 次重复测定：相对误

差范围为－13%～－4.6%；相对误差最终值为－8.7%±6.5%。

注：微生物检测数据为偏态分布，其测定结果全部经以10为底对数转换后进行计算。

十、质量保证与质量控制

1. 培养基检验

更换不同批次培养基时要进行阳性菌株检验，以确保其符合要求。常用的阳性标准菌株有大肠埃希氏菌（*Escherichia coli*）、金黄色葡萄球菌（*Staphylococcus aureus*）、枯草芽孢杆菌（*Bacillus subtilis*）、粪肠球菌（*Enterococcus faecalis*）等。将上述标准菌株配成浓度为30～300CFU/mL的菌悬液，充分混匀后取1mL菌悬液按实验步骤中接种和培养的步骤进行操作，平皿内均匀地产生30～300个菌落，表明该批次培养基合格。

2. 空白实验

每次实验都要进行实验室空白测定，检查稀释水、玻璃器皿和其他器具的无菌性。

十一、实验报告

（1）包含实验目的和意义、原始实验数据记录表、实验数据的处理、实验结果的分析与讨论、实验结论。

（2）实验报告要工整。

十二、思考题

（1）在接种过程中应注意哪些事项？

（2）除监测水中细菌总数外，还应监测水中哪些菌种？

实验27 空气中二氧化硫的测定——甲醛吸收-副玫瑰苯胺分光光度法

一、实验目的

（1）掌握甲醛吸收-副玫瑰苯胺分光光度法的实验原理。

（2）掌握溶液吸收法测定空气中气态污染物的方法。

（3）掌握便携式采样器的构造及操作方法。

（4）掌握二氧化硫的测定步骤。

二、方法要点

本标准适用于环境空气中二氧化硫的测定。

当使用10mL吸收液，采样体积为30L时，测定空气中二氧化硫的检出限为0.007mg/m^3，测定下限为0.028mg/m^3，测定上限为0.667mg/m^3。

当使用50mL吸收液，采样体积为288L，试份为10mL时，测定空气中二氧化硫的检出限为0.004mg/m^3，测定下限为0.014mg/m^3，测定上限为0.347mg/m^3。

空气中的二氧化硫被甲醛缓冲溶液吸收后，生成稳定的羟甲基磺酸加成化合物，在样品溶液中加入氢氧化钠使加成化合物分解，释放出的二氧化硫与盐酸副玫瑰苯胺、甲醛作用，生成紫红色络合物，用分光光度计在波长577nm处测量吸光度。

三、仪器、设备和试剂

1. 仪器、设备

(1) 分光光度计。

(2) 多孔玻板吸收管：10mL多孔玻板吸收管，用于短时间采样；50mL多孔玻板吸收管，用于24h连续采样。

(3) 恒温水浴：0～40℃，控制精度为±1℃。

(4) 具塞比色管：10mL。用过的比色管和比色皿应及时用盐酸-乙醇清洗液浸洗，否则红色难以洗净。

(5) 空气采样器。用于短时间采样的普通空气采样器，流量范围为0.1～1L/min，应具有保温装置。用于24h连续采样的采样器应具备恒温、恒流、计时、自动控制开关的功能，流量范围为0.1～0.5L/min。

(6) 一般实验室常用仪器。

2. 试剂

除非另有说明，分析时均使用符合国家标准的分析纯试剂，实验用水为新制备的蒸馏水或同等纯度的水。

(1) 碘酸钾（KIO_3），优级纯，经110℃干燥2h。

(2) 氢氧化钠溶液：$c(NaOH)=1.5mol/L$。称取6.0gNaOH，溶于100mL水中。

(3) 环己二胺四乙酸二钠溶液：$c(CDTA\text{-}2Na)=0.05mol/L$。称取1.82g反式1，2-环己二胺四乙酸（简称CDTA-2Na），加入氢氧化钠溶液6.5mL，用水稀释至100mL。

(4) 甲醛缓冲吸收贮备液。吸取36%～38%的甲醛溶液5.5mL，CDTA-2Na溶液20.00mL；称取2.04g邻苯二甲酸氢钾，溶于少量水中；将三种溶液合并，再用水稀释至100mL，贮于冰箱可保存1年。

(5) 甲醛缓冲吸收液：用水将甲醛缓冲吸收贮备液稀释100倍。临用时现配。

(6) 氨磺酸钠溶液：$\rho(NaH_2NSO_3)=6.0g/L$。称取0.60g氨磺酸［H_2NSO_3H］置于100mL烧杯中，加入4.0mL氢氧化钠溶液，用水搅拌至完全溶解后稀释至100mL，摇匀。此溶液密封可保存10d。

(7) 碘贮备液：$c(1/2I_2)=0.10mol/L$。称取12.7g碘（I_2）于烧杯中，加入40g碘化钾和25mL水，搅拌至完全溶解，用水稀释至1000mL，贮存于棕色细口瓶中。

(8) 碘溶液：$c(1/2I_2)=0.010mol/L$。量取碘贮备液50mL，用水稀释至500mL，贮于棕色细口瓶中。

(9) 淀粉溶液：$\rho=5.0g/L$。称取0.5g可溶性淀粉于150mL烧杯中，用少量水调成糊状，慢慢倒入100mL沸水，继续煮沸至溶液澄清，冷却后贮于试剂瓶中。

(10) 碘酸钾基准溶液：$c(1/6KIO_3)=0.1000mol/L$。准确称取3.5667g碘酸钾溶于水，移入1000mL容量瓶中，用水稀至标线，摇匀。

(11) 盐酸溶液：$c(HCl)=1.2mol/L$。量取100mL浓盐酸，用水稀释至1000mL。

(12) 硫代硫酸钠标准贮备液：$c(Na_2S_2O_3)=0.10mol/L$。称取25.0g硫代硫酸钠($Na_2S_2O_3 \cdot 5H_2O$)，溶于1000mL新煮沸但已冷却的水中，加入0.2g无水碳酸钠，贮于棕色细口瓶中，放置一周后备用。如溶液呈现浑浊，必须过滤。

标定方法：吸取三份20.00mL碘酸钾基准溶液分别置于250mL碘量瓶中，加70mL新煮沸但已冷却的水，加1g碘化钾，振摇至完全溶解后，加10mL盐酸溶液（1.2mol/L），立即盖好瓶塞，摇匀。于暗处放5min后，用硫代硫酸钠标准贮备液滴定溶液至浅黄色，加2mL淀粉溶液，继续滴定至蓝色刚好褪去为终点。硫代硫酸钠标准溶液的物质的量浓度按下式计算：

$$c_1=\frac{0.1000\times 20.00}{V} \tag{3-41}$$

式中 c_1——硫代硫酸钠标准贮备液的物质的量浓度，mol/L；

V——滴定所消耗硫代硫酸钠标准贮备液的体积，mL。

(13) 硫代硫酸钠标准溶液：$c(Na_2S_2O_3)\approx 0.01000mol/L$。取50.0mL硫代硫酸钠贮备液置于500mL容量瓶中，用新煮沸但已冷却的水稀释至标线，摇匀。

(14) 乙二胺四乙酸二钠盐（EDTA-2Na）溶液：$\rho=0.50g/L$。称取0.25g乙二胺四乙酸二钠盐（$C_{10}H_{14}N_2O_8Na_2 \cdot 2H_2O$）溶于500mL新煮沸但已冷却的水中。临用时现配。

(15) 亚硫酸钠溶液：$\rho(Na_2SO_3)=1g/L$。称取0.2g亚硫酸钠（Na_2SO_3），溶于200mL EDTA-2Na溶液中，缓缓摇匀以防充氧，使其溶解。放置2～3h后标定。此溶液每毫升相当于320～400μg二氧化硫。

标定方法：

① 取6个250mL碘量瓶（A_1、A_2、A_3、B_1、B_2、B_3），在A_1、A_2、A_3内各加入25mL乙二胺四乙酸二钠盐溶液，在B_1、B_2、B_3内加入25.00mL亚硫酸钠溶液（1g/L），分别加入50.0mL碘溶液[$c(1/2I_2)=0.010mol/L$]和1.00mL冰乙酸，盖好瓶盖，摇匀。

② 立即吸取2.00mL亚硫酸钠溶液（1g/L）加到一个已装有40～50mL甲醛缓冲吸收贮备液的100mL容量瓶中，并用甲醛缓冲吸收贮备液稀释至标线、摇匀。此溶液即二氧化硫标准贮备溶液，在4～5℃下冷藏，可稳定6个月。

③ A_1、A_2、A_3、B_1、B_2、B_3六个瓶子于暗处放置5min后，用硫代硫酸钠标准溶液滴定至浅黄色，加5mL淀粉指示剂，继续滴定至蓝色刚刚消失。平行滴定所用硫代硫酸钠溶液的体积之差应不大于0.05mL。

二氧化硫标准贮备溶液的质量浓度由下式计算：

$$\rho=\frac{(\overline{V}_0-\overline{V})c_2\times 32.02\times 10^3}{25.00}\times\frac{2.00}{100} \tag{3-42}$$

式中 ρ——二氧化硫标准贮备溶液的质量浓度，μg/mL；

$\overline{V}_0$——空白滴定所用硫代硫酸钠标准溶液[$c(Na_2S_2O_3)\approx 0.01000mol/L$]的体

积，mL；

$\overline{V}$——样品滴定所用硫代硫酸钠标准溶液［$c(Na_2S_2O_3)\approx 0.01000mol/L$］的体积，mL；

c_2——硫代硫酸钠标准溶液［$c(Na_2S_2O_3)\approx 0.01000mol/L$］的物质的量浓度，mol/L。

(16) 二氧化硫标准溶液：$\rho(SO_2)=1.00\mu g/mL$。用甲醛缓冲吸收液将二氧化硫标准贮备溶液稀释成每毫升含 1.0μg 二氧化硫的标准溶液。此溶液用于绘制标准曲线，在 4～5℃下冷藏，可稳定 1 个月。

(17) 盐酸副玫瑰苯胺（简称 PRA，即副品红或对品红）贮备液：$\rho=2g/L$。称取 0.2g 盐酸副玫瑰苯胺溶于 100mL 盐酸（1mol/L）中。

(18) 副玫瑰苯胺溶液：$\rho=0.50g/L$。吸取 25.00mL 盐酸副玫瑰苯胺贮备液（2g/L）于 100mL 容量瓶中，加 30mL85%的浓磷酸，12mL 浓盐酸，用水稀释至标线，摇匀，放置过夜后使用。避光密封保存。

(19) 盐酸-乙醇清洗液：由三份盐酸（1+4）和一份 95%乙醇混合配制而成，用于清洗比色管和比色皿。

四、样品采集与保存

(1) 短时间采样：采用内装 10mL 吸收液的多孔玻板吸收管，以 0.5L/min 的流量采气 45～60min。吸收液温度保持在 23～29℃的范围。

(2) 24h 连续采样：用内装 50mL 吸收液的多孔玻板吸收瓶，以 0.2L/min 的流量连续采样 24h。吸收液温度保持在 23～29℃的范围。

(3) 现场空白：将装有吸收液的采样管带到采样现场，除了不采气之外，其他环境条件与样品相同。

五、实验步骤

1. 校准曲线的绘制

取 16 支 10mL 具塞比色管，分 A、B 两组，每组 7 支，分别对应编号。A 组按表 3-20 配制校准系列。

表 3-20 二氧化硫校准系列

管号	0	1	2	3	4	5	6
二氧化硫标准溶液(1.00μg/mL)的体积/mL	0.00	0.50	1.00	2.00	5.00	8.00	10.00
甲醛缓冲吸收液的体积/mL	10.00	9.50	9.00	8.00	5.00	2.00	0.00
二氧化硫质量浓度/(μg/10mL)	0.00	0.50	1.00	2.00	5.00	8.00	10.00

在 A 组各管中分别加入 0.5mL 氨磺酸钠溶液（6.0g/L）和 0.5mL 氢氧化钠溶液（1.5mol/L），混匀。

在 B 组各管中分别加入 1.00mLPRA 溶液（0.50g/L）。

将 A 组各管的溶液迅速地全部倒入对应编号并盛有 PRA 溶液的 B 管中，立即加塞混匀后放入恒温水浴装置中显色。在波长 577nm 处，用 10mm 比色皿，以水为参比测量吸光度。以空白校正后各管的吸光度为纵坐标，以二氧化硫的质量（μg）为横坐标，用最小二乘法建立校准曲线的回归方程。

显色温度与室温之差不应超过 3℃。根据季节和环境条件按表 3-21 选择合适的显色温度与显色时间。

表 3-21　显色温度与显色时间

显色温度/℃	10	15	20	25	30
显色时间/min	40	25	20	15	5
稳定时间/min	35	25	20	15	10
试剂空白吸光度 A_0	0.030	0.035	0.040	0.050	0.060

2. 样品测定

（1）样品溶液中如有混浊物，则应离心分离除去。

（2）样品放置 20min，以使臭氧分解。

（3）短时间采集的样品。将吸收管中的样品溶液移入 10mL 比色管中，用少量甲醛缓冲吸收液洗涤吸收管，洗液并入比色管中并稀释至标线。加入 0.5mL 氨磺酸钠溶液（6.0g/L），混匀，放置 10min 以除去氮氧化物的干扰。以下步骤同“校准曲线的绘制”。

（4）连续 24h 采集的样品。将吸收瓶中样品移入 50mL 容量瓶（或比色管）中，用少量甲醛缓冲吸收液洗涤吸收瓶后再倒入容量瓶（或比色管）中，并用甲醛缓冲吸收液稀释至标线。吸取适当体积（视浓度大小而决定取 2～10mL）的试样于 10mL 比色管中，再用甲醛缓冲吸收液稀释至标线，加入 0.5mL 氨磺酸钠溶液（6.0g/L），混匀，放置 10min 以除去氮氧化物的干扰，以下步骤同“校准曲线的绘制”。

六、实验结果

空气中二氧化硫的质量浓度，按下式计算：

$$\rho=\frac{(A-A_0-a)}{bV_s}\times\frac{V_t}{V_a} \tag{3-43}$$

式中　ρ——空气中二氧化硫的质量浓度，mg/m^3；

A——样品溶液的吸光度；

A_0——试剂空白溶液的吸光度；

b——校准曲线的斜率，吸光度/μg；

a——校准曲线的截距（一般要求小于 0.005）；

V_t——样品溶液的总体积，mL；

V_a——测定时所取试样的体积，mL；

V_s——换算成标准状态下（101.325kPa，273K）的采样体积，L。

计算结果准确到小数点后三位。

七、实验记录

将实验所得到的数据填入表 3-22。

表 3-22 实验数据记录表

样品名称	空白	1	2	3	4
吸光度 A					
标准曲线斜率 b/(吸光度/μg)					
校准曲线的截距 a					
样品溶液的总体积 V_t/mL					
测定时所取试样的体积 V_a/mL					
标准状态下(101.325kPa,273K)的采样体积 V_s/L					
二氧化硫的质量浓度 ρ/(mg/m^3)					
二氧化硫的质量浓度平均值/(mg/m^3)	—				

八、注意事项

(1) 本方法的主要干扰物为氮氧化物、臭氧及某些重金属元素。采样后放置一段时间可使臭氧自行分解；加入氨磺酸钠溶液可消除氮氧化物的干扰；吸收液中加入磷酸及环己二胺四乙酸二钠盐可以消除或减少某些金属离子的干扰。

(2) 样品采集、运输和贮存过程中应避免阳光照射。

(3) 放置在室内的 24h 连续采样器，进气口应连接符合要求的空气质量集中采样管路系统，以减少二氧化硫进入吸收瓶前的损失。

(4) 当空气中二氧化硫浓度高于测定上限时，可以适当减少采样体积或减少试料的体积。

(5) 如果样品溶液的吸光度超过标准曲线上限，可以用试剂空白液稀释，在数分钟内再测定吸光度，但稀释倍数不要大于 6。

(6) 显色温度低，显色慢，稳定时间长。显色温度高，显色快，温度时间短。操作人员必须了解显色温度、显色时间和稳定时间的关系，严格控制反应条件。

九、实验报告

(1) 包含实验目的和意义、原始实验数据记录表、实验数据的处理、实验结果的分析与讨论、实验结论。

(2) 实验报告要工整。

十、思考题

测定大气中二氧化硫的方法有几种？比较几种方法的特点。

实验 28　空气中氮氧化物的测定——盐酸萘乙二胺分光光度法

一、实验目的

（1）了解大气中氮氧化物的测定方法和测定氮氧化物的意义。

（2）掌握盐酸萘乙二胺分光光度法的原理和氮氧化物的测定步骤。

二、方法要点

本方法适用于环境空气中氮氧化物（二氧化氮、一氧化氮）的测定。

本方法的检出限为 12μg/L 吸收液。当吸收液总体积为 10mL，采样体积为 24L 时，空气中氮氧化物的检出限为 0.005mg/m^3。当吸收液总体积为 50mL，采样体积 288L 时，空气中氮氧化物的检出限为 0.003mg/m^3。当吸收液总体积为 10mL，采样体积为 12～24L 时，环境空气中氮氧化物的测定范围为 0.020～2.5mg/m^3。

空气中的二氧化氮被串联的第一支吸收瓶中的吸收液吸收并反应生成粉红色偶氮染料。空气中的一氧化氮不与吸收液反应，通过氧化管时被酸性高锰酸钾溶液氧化为二氧化氮，被串联的第二支吸收瓶中的吸收液吸收并反应生成粉红色偶氮染料。生成的偶氮染料在波长 540nm 处的吸光度与二氧化氮的含量成正比。分别测定第一支和第二支吸收瓶中样品的吸光度，计算两支吸收瓶内二氧化氮和一氧化氮的质量浓度，二者之和即为氮氧化物（以二氧化氮计）的质量浓度。

三、仪器、设备和试剂

1. 仪器、设备

（1）分光光度计。

（2）空气采样器：流量范围 0.1～1.0L/min。采样流量为 0.4L/min 时，相对误差小于±5%。

（3）恒温、半自动连续空气采样器：采样流量为 0.2L/min 时，相对误差小于±5%，能将吸收液温度保持在 20℃±4℃。

（4）采样管：硼硅玻璃管、不锈钢管、聚四氟乙烯管或硅胶管，内径约为 6mm，尽可能短些，任何情况下不得超过 2m，配有朝下的空气入口。

（5）吸收瓶：可装 10mL、25mL 或 50mL 吸收液的多孔玻板吸收瓶，液柱高度不低于 80mm。使用前检查吸收瓶的玻板阻力、气泡分散的均匀性及采样效率。图 3-6 示出较为适用的两种多孔玻板吸收瓶。使用棕色吸收瓶或采样过程中吸收瓶外罩黑色避光罩。新的多孔玻板吸收瓶或使用后的多孔玻板吸收瓶，应用（1+1）HCl 浸泡 24h 以上，用清水洗净。

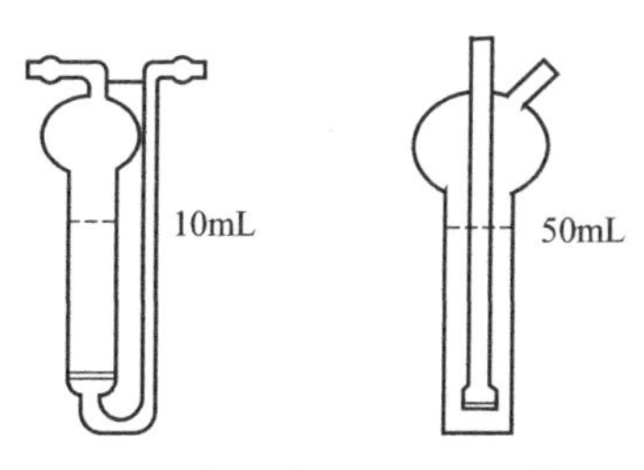

图 3-6　多孔玻板吸收瓶示意图

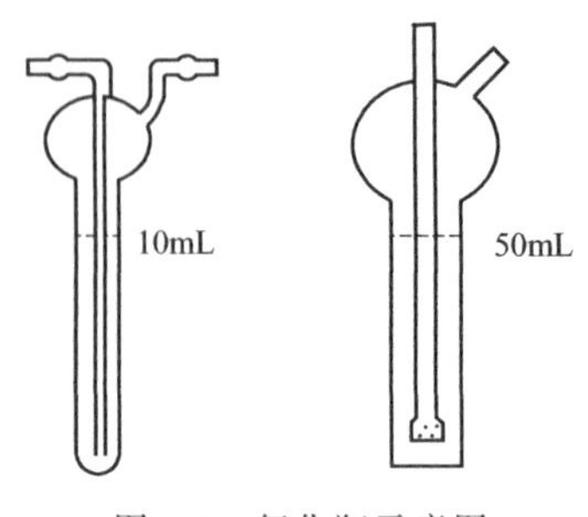

图 3-7 氧化瓶示意图

(6) 氧化瓶。可装 5mL、10mL 或 50mL 酸性高锰酸钾溶液的洗气瓶，液柱高度不能低于 80mm。使用后，用盐酸羟胺溶液浸泡洗涤。图 3-7 示出了较为适用的两种氧化瓶。

2. 试剂

除非另有说明，分析时均使用符合国家标准或专业标准的分析纯试剂和无亚硝酸根的蒸馏水、去离子水或相当纯度的水。

(1) 冰乙酸。

(2) 盐酸羟胺溶液：ρ=0.2～0.5g/L。

(3) 硫酸溶液：$c(1/2H_2SO_4)$=1mol/L。取 15mL 浓硫酸（ρ=1.84g/mL），徐徐加到 500mL 水中，搅拌均匀，冷却备用。

(4) 酸性高锰酸钾溶液：$\rho(KMnO_4)$=25g/L。称取 25g 高锰酸钾于 1000mL 烧杯中，加入 500mL 水，稍微加热使其全部溶解，然后加入 1mol/L 硫酸溶液 500mL，搅拌均匀，贮于棕色试剂瓶中。

(5) N-(1-萘基)乙二胺盐酸盐贮备液：$\rho[C_{10}H_7NH(CH_2)_2NH_2 \cdot 2HCl]$=1.00g/L。称取 0.50g N-(1-萘基)乙二胺盐酸盐于 500mL 容量瓶中，用水溶解稀释至刻度。此溶液贮于密闭的棕色瓶中，在冰箱中冷藏，可稳定保存三个月。

(6) 显色液：称取 5.0g 对氨基苯磺酸［$NH_2C_6H_4SO_3H$］溶解于约 200mL 40～50℃热水中，将溶液冷却至室温，全部移入 1000mL 容量瓶中，加入 50mL N-(1-萘基)乙二胺盐酸盐贮备溶液和 50mL 冰乙酸，用水稀释至刻度。此溶液贮于密闭的棕色瓶中，在 25℃以下暗处存放可稳定三个月。若溶液呈现淡红色，应弃之重配。

(7) 吸收液：使用时将显色液和水按 4∶1（体积比）混合而成。

(8) 亚硝酸盐标准贮备液：$\rho(NO_2^-)$=250μg/mL。准确称取 0.3750g 亚硝酸钠（$NaNO_2$，优级纯，使用前在 105℃±5℃干燥恒重）溶于水，移入 1000mL 容量瓶中，用水稀释至标线。此溶液贮于密闭棕色瓶中于暗处存放，可稳定保存三个月。

(9) 亚硝酸盐标准工作液：$\rho(NO_2^-)$=2.5μg/mL。准确吸取亚硝酸盐标准贮备液 1.00mL 于 100mL 容量瓶中，用水稀释至标线。临用现配。

四、样品采集与保存

1. 短时间采样（1h 以内）

取两支内装 10.0mL 吸收液的多孔玻板吸收瓶和一支内装 5～10mL 酸性高锰酸钾溶液的氧化瓶（液柱高度不低于 80mm），用尽量短的硅橡胶管将氧化瓶串联在两支吸收瓶之间（见图 3-8），以 0.4L/min 流量采气 4～24L。在采样的同时，应测定采样现场的温度和大气压力，并作好记录。

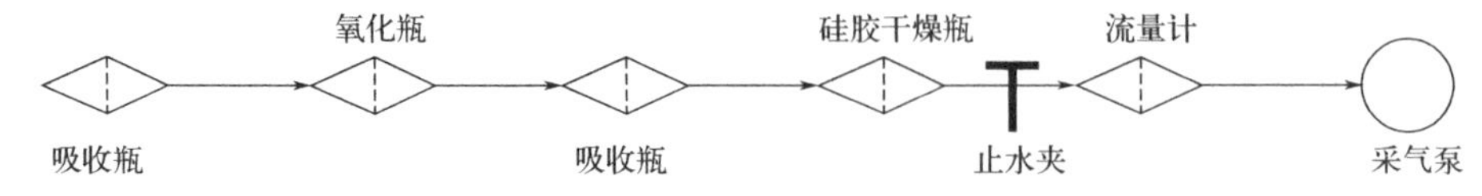

图 3-8 手工采样系列示意图

2. 长时间采样（24h）

取两支大型多孔玻板吸收瓶，装入25.0mL或50.0mL吸收液（液柱高度不低于80mm），标记液面位置。取一支内装50mL酸性高锰酸钾溶液的氧化瓶，按图3-9所示接入采样系统，将吸收液恒温在20℃±4℃，以0.2L/min流量采气288L。

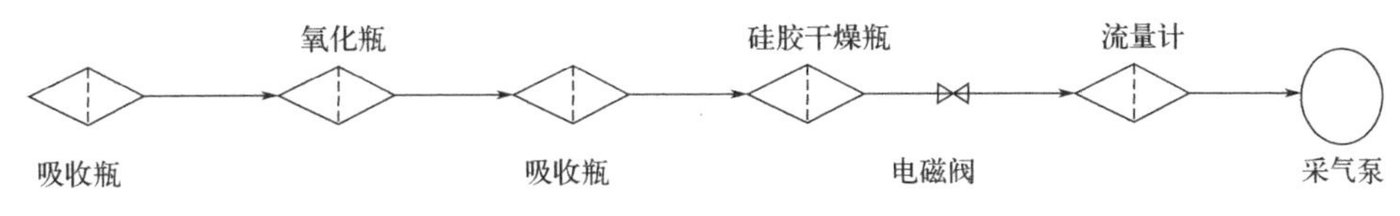

图3-9　连续自动采样系列示意图

3. 采样要求

采样前检查采样系统的气密性。采样期间，样品运输和存放过程避免阳光照射。气温超过25℃时，长时间（8h以上）运输和存放样品采取降温措施。采样同时应测定采样现场的温度和大气压力，并作好记录。

采样结束时，为防止溶液倒吸，应在采样泵停止抽气的同时，闭合连接在采样系统中的止水夹或电磁阀（见图3-8或图3-9）。

4. 现场空白

装有吸收液的吸收瓶带到采样现场，与样品在相同的条件下保存、运输，直至送交实验室分析，运输过程中应注意防止沾污。

5. 样品的保存

样品采集、运输及存放过程中避光保存，样品采集后尽快分析。若不能及时测定，将样品于低温暗处存放，样品在30℃暗处存放，可稳定8h；在20℃暗处存放，可稳定24h；于0～4℃冷藏，至少可稳定3天。

五、实验步骤

1. 标准曲线的绘制

取6支10mL具塞比色管，按表3-23制备亚硝酸盐标准溶液系列。根据表3-23分别移取相应体积的亚硝酸盐标准工作液，加水至2.00mL，加入显色液8.00mL。

表3-23　NO_2^- 标准溶液系列

管号	0	1	2	3	4	5
标准工作溶液[$\rho(NO_2^-)=2.5\mu g/mL$]体积/mL	0.00	0.40	0.80	1.20	1.60	2.00
水体积/mL	2.00	1.60	1.20	0.80	0.40	0.00
显色液/mL	8.00	8.00	8.00	8.00	8.00	8.00
NO_2^- 质量浓度/($\mu g/mL$)	0.00	0.10	0.20	0.30	0.40	0.50

各管混匀，于暗处放置20min（室温低于20℃时放置40min以上），用10mm比色皿，在波长540nm处，以水为参比测量吸光度，扣除0号管的吸光度以后，以吸光度为纵坐标，

相应的标准溶液中 NO_2^- 含量（μg/mL）为横坐标，绘制标准曲线。

2. 样品测定

采样后放置 20min，室温 20℃以下时放置 40min 以上，用水将采样瓶中吸收液的体积补充至标线，混匀。将样品溶液移入 10mm 比色皿中，按绘制标准曲线的方法和条件测定试剂空白溶液和样品溶液的吸光度。若样品溶液的吸光度超过标准曲线的测定上限，可用吸收液稀释后再测定吸光度。计算结果时应乘以稀释倍数，但稀释倍数不得大于 6。

六、实验结果

（1）空气中二氧化氮质量浓度 ρ_{NO_2}（mg/m³）按下式计算：

$$\rho_{NO_2}=\frac{(A_1-A_0-a)VD}{bfV_0} \tag{3-44}$$

（2）空气中一氧化氮质量浓度 ρ_{NO}（mg/m³）以二氧化氮（NO_2）计，按下式计算：

$$\rho_{NO}=\frac{(A_2-A_0-a)VD}{bfV_0k} \tag{3-45}$$

ρ'_{NO}(mg/m³) 以一氧化氮（NO）计，按下式计算：

$$\rho'_{NO}=\frac{\rho_{NO}\times 30}{46} \tag{3-46}$$

（3）空气中氮氧化物的质量浓度 ρ_{NO_x}（mg/m³）以二氧化氮（NO_2）计，按下式计算：

$$\rho_{NO_x}=\rho_{NO_2}+\rho_{NO} \tag{3-47}$$

式中 A_1、A_2——串联的第一支和第二支吸收瓶中样品的吸光度；

A_0——实验室空白的吸光度；

b——标准曲线的斜率，吸光度·mL/μg；

a——标准曲线的截距；

V——采样用吸收液体积，mL；

V_0——换算为标准状态（101.325kPa，273K）下的采样体积，L；

k——NO→NO_2 氧化系数，0.68；

D——样品的稀释倍数；

f——Saltzman 实验系数，0.88（当空气中二氧化氮质量浓度高于 0.72mg/m³ 时，f 取值 0.77）。

七、实验记录

将实验所得到的数据填入表 3-24。

表 3-24 实验数据记录表

样品名称	空白	1	2	3	4
吸光度 A					
标准曲线斜率 b/(吸光度·mL/μg)					
校准曲线的截距 a					

续表

样品名称	空白	1	2	3	4
采样用吸收液体积 V/mL					
标准状态下(101.325kPa,273K)的采样体积 V_0/L					
样品的稀释倍数 D					
一氧化氮的质量浓度 ρ_{NO}/(mg/m^3)					
一氧化氮的质量浓度平均值/(mg/m^3)					
二氧化氮的质量浓度 ρ_{NO_2}/(mg/m^3)					
二氧化氮的质量浓度平均值/(mg/m^3)	—				

八、注意事项

采样后应尽快测量样品的吸光度，若不能及时分析，应将样品于低温暗处存放。样品于30℃暗处存放，可稳定 8h，20℃暗处存放，可稳定 24h，于 0～4℃冷藏，至少可稳定 3 天。

九、实验报告

(1) 包含实验目的和意义、原始实验数据记录表、实验数据的处理、实验结果的分析与讨论、实验结论。

(2) 实验报告要工整。

十、思考题

(1) 在进行大气环境监测时，为什么需要同时进行气象监测?

(2) 测定大气中氮氧化物质量浓度的环境意义是什么?

实验 29 空气中臭氧的测定——靛蓝二磺酸钠分光光度法

一、实验目的

(1) 了解大气中臭氧的测定方法和测定臭氧的意义。

(2) 掌握靛蓝二磺酸钠分光光度法测定臭氧的原理和步骤。

二、方法要点

本方法适用于环境空气中臭氧的测定。相对封闭环境（例如：室内、车内等）空气中臭氧的测定也可参照本方法。

当采样体积为 30L 时，本方法测定空气中臭氧的检出限为 0.010mg/m^3，测定下限为 0.040mg/m^3。当采样体积为 30L，吸收液浓度为 2.5μg/L 或 5.0μg/L 时，测定上限分别为

0.50mg/m^3 或 1.00mg/m^3。当空气中臭氧质量浓度超过该上限浓度时，可适当减少采样体积。

空气中的臭氧在磷酸盐缓冲剂存在下，与吸收液中蓝色的靛蓝二磺酸钠等物质的量反应，褪色生成靛红二磺酸钠，在 610nm 处测量吸光度。

三、仪器、设备和试剂

1. 仪器、设备

除非另有说明，分析时均使用符合国家 A 级标准的玻璃量器。

(1) 空气采样器：流量范围 0～1.0L/min，流量稳定。使用时，用皂膜流量计校准采样系统在采样前和采样后的流量，相对误差应小于±5%。

(2) 多孔玻板吸收管：内装 10mL 吸收液，以 0.50L/min 流量采气，玻板阻力应为 4kPa～5kPa，气泡分散均匀。

(3) 具塞比色管：10mL。

(4) 生化培养箱或恒温水浴：温控精度为±1℃。

(5) 水银温度计：精度为±0.5℃。

(6) 分光光度计：具 20mm 比色皿，可于波长 610nm 处测量吸光度。

(7) 一般实验室常用玻璃仪器。

2. 试剂

除非另有说明，本标准所用试剂均为符合国家标准的分析纯化学试剂，实验用水为新制备的去离子水或蒸馏水。

(1) 溴酸钾标准贮备溶液：$c(1/6KBrO_3)=0.1000mol/L$。准确称取 1.3918g 溴化钾(优级纯，180℃烘 2h)，置于烧杯中，加入少量水溶解，移入 500mL 容量瓶中，用水稀释至标线。

(2) 溴酸钾-溴化钾标准溶液：$c(1/6KBrO_3)=0.0100mol/L$。吸取 10.00mL 溴酸钾标准贮备溶液 [$c(1/6KBrO_3)=0.1000mol/L$] 于 100mL 容量瓶中，加入 1.0g 溴化钾(KBr)，用水稀释至标线。

(3) 硫代硫酸钠标准贮备溶液：$c(Na_2S_2O_3)=0.1000mol/L$。

(4) 硫代硫酸钠标准工作溶液：$c(Na_2S_2O_3)=0.00500mol/L$。临用前，取硫代硫酸钠标准贮备溶液 [$c(Na_2S_2O_3)=0.1000mol/L$]，用新煮沸并冷却到室温的水准确稀释 20 倍。

(5) 硫酸溶液：1+6。

(6) 淀粉指示剂溶液：$\rho=2.0g/L$。称取 0.20g 可溶性淀粉，用少量水调成糊状，慢慢倒入 100mL 沸水，煮沸至溶液澄清。

(7) 磷酸盐缓冲溶液：$c(KH_2PO_4\text{-}Na_2HPO_4)=0.050mol/L$。称取 6.8g 磷酸二氢钾($KH_2PO_4$)、7.1g 无水磷酸氢二钠 ($Na_2HPO_4$)，溶于水，稀释至 1000mL。

(8) 靛蓝二磺酸钠 ($C_{16}H_8O_8Na_2S_2$) (简称 IDS)，分析纯、化学纯或生化试剂。

(9) IDS 标准贮备溶液：称取 0.25g 靛蓝二磺酸钠溶于水，移入 500mL 棕色容量瓶内，用水稀释至标线，摇匀，在室温暗处存放 24h 后标定。此溶液在 20℃以下暗处存放可稳定两周。

标定方法：准确吸取 20.00mLIDS 标准贮备溶液于 250mL 碘量瓶中，加入 20.00mL 溴酸钾-溴化钾标准溶液，再加入 50mL 水，盖好瓶塞，在 16℃±1℃生化培养箱（或水浴）中放置至溶液温度与水浴温度平衡时，加入 5.0mL 硫酸溶液（1+6），立即盖塞、混匀并开始计时，于 16℃±1℃暗处放置 35min±1.0min 后，加入 1.0g 碘化钾，立即盖塞，轻轻摇匀至溶解，暗处放置 5min，用硫代硫酸钠标准工作溶液 [$c(Na_2S_2O_3)=0.00500$mol/L] 滴定至棕色刚好褪去呈淡黄色，加入 5mL 淀粉指示剂，继续滴定至蓝色消褪，终点为亮黄色。记录所消耗的硫代硫酸钠标准工作溶液的体积。

注：①溶液温度与水浴温度达到平衡的时间与温差有关，可以预先用相同体积的水代替溶液，加入碘量瓶中，放入温度计观察达到平衡所需要的时间。②平行滴定所消耗的硫代硫酸钠标准工作溶液体积不应大于 0.10mL。

每毫升靛蓝二磺酸钠溶液相当于臭氧的质量浓度。ρ(μg/mL) 由下式计算：

$$\rho=\frac{c_1V_1-c_2V_2}{V}\times 12.00\times 10^3 \tag{3-48}$$

式中　ρ——每毫升靛蓝二磺酸钠溶液相当于臭氧的质量浓度，μg/mL；
c_1——溴酸钾-溴化钾标准溶液的物质的量浓度，mol/L；
V_1——加入溴酸钾-溴化钾标准溶液的体积，mL；
c_2——滴定时所用硫代硫酸钠标准溶液的物质的量浓度，mol/L；
V_2——滴定时所用硫代硫酸钠标准溶液的体积，mL；
V——IDS 标准贮备溶液的体积，L；
12.00——臭氧的摩尔质量（1/4 O_3），g/mol。

（10）IDS 标准工作溶液：将标定后的 IDS 标准贮备液用磷酸盐缓冲液逐级稀释成每毫升相当于 1.00μg 臭氧的 IDS 标准工作溶液，此溶液于 20℃以下暗处存放可稳定 1 周。

（11）IDS 吸收液：取适量 IDS 标准贮备液，根据空气中臭氧浓度的高低，用磷酸盐缓冲液稀释成每毫升相当于 2.5μg（或 5.0μg）臭氧的 IDS 吸收液，此溶液于 20℃以下暗处可保存 1 个月。

四、样品采集与保存

1. 样品的采集与保存

用内装 10.00mL±0.02mL IDS 吸收液的多孔玻板吸收管，罩上黑色避光套，以 0.5L/min 流量采气 5～30L。当吸收液褪色约 60%时（与现场空白样品比较），应立即停止采样。样品在运输及存放过程中应严格避光。当确信空气中臭氧的浓度较低，不会穿透时，可以用棕色玻板吸收管采样。

样品于室温暗处存放至少可稳定 3 天。

2. 现场空白样品

用同一批配制的 IDS 吸收液，装入多孔玻板吸收管中，带到采样现场。除了不采集空气样品外，其他环境条件保持与采集空气的采样管相同。

每批样品至少带两个现场空白样品。

五、实验步骤

1. 校准曲线的绘制

（1）取 10mL 具塞比色管 6 支，按表 3-25 制备标准色列。

表 3-25 标准色列

管号	1	2	3	4	5	6
IDS 标准工作溶液体积/mL	10.00	8.00	6.00	4.00	2.00	0.00
磷酸盐缓冲溶液体积/mL	0.00	2.00	4.00	6.00	8.00	10.0
臭氧质量浓度/(μg/mL)	0.00	0.20	0.40	0.60	0.80	1.00

(2) 各管摇匀，用 20mm 比色皿，以水作参比，在波长 610nm 下测量吸光度。以校准系列中零浓度管的吸光度（A_0）与各标准色列管的吸光度（A）之差为纵坐标，臭氧质量浓度为横坐标，用最小二乘法计算校准曲线的回归方程：

$$y=bx+a \tag{3-49}$$

式中 y——A_0-A，空白样品的吸光度与各标准色列管的吸光度之差；

x——臭氧质量浓度，μg/mL；

b——回归方程的斜率，吸光度·mL/μg；

a——回归方程的截距。

2. 用已知浓度的臭氧标准气体绘制标准工作曲线

当用本方法作紫外臭氧分析仪的二级传递标准时，用已知浓度的臭氧标准气体绘制标准工作曲线。

3. 样品测定

采样后，在吸收管的入气口端串接一个玻璃尖嘴，在吸收管的出气口端用吸耳球加压将吸收管中的样品溶液移入 25mL（或 50mL）容量瓶中，用水多次洗涤吸收管，使总体积为 25.0mL（或 50.0mL）。用 20mm 比色皿，以水作参比，在波长 610nm 下测量吸光度。

六、实验结果

空气中臭氧的质量浓度按下式计算：

$$\rho(O_3)=\frac{(A_0-A-a)V}{bV_0} \tag{3-50}$$

式中 ρ——空气中臭氧的质量浓度，mg/m^3；

A_0——现场空白样品吸光度的平均值；

A——样品的吸光度；

b——标准曲线的斜率；

a——标准曲线的截距；

V——样品溶液的总体积，mL；

V_0——换算为标准状态（101.325kPa、273K）的采样体积，L。

所得结果表示至小数点后 3 位。

七、准确度和精密度

6 个试验室 IDS 标准曲线的斜率在 0.863～0.935 之间，平均值为 0.899。

6 个实验室测定 0.085～0.918mg/L 三个质量浓度水平的 IDS 标准溶液，每个浓度水平重复测定 6 次，重复性精密度≤0.004mg/L，再现性精密度≤0.030mg/L。

6个实验室测定质量浓度范围在0.088～0.946mg/m^{3}之间的臭氧标准气体，重复性变异系数小于10%，相对误差小于±5%。

八、注意事项

1. 干扰

空气中的二氧化氮可使臭氧的测定结果偏高，约为二氧化氮质量浓度的6%。

空气中二氧化硫、硫化氢、过氧乙酰硝酸酯（PAN）和氟化氢的浓度分别高于750μg/m^3、110μg/m^3、1800μg/m^{3}和2.5μg/m^{3}时，干扰臭氧的测定。

空气中氯气、二氧化氯的存在使臭氧的测定结果偏高。但在一般情况下，这些气体的浓度很低，不会造成显著误差。

2. IDS标准溶液标定

市售IDS不纯，作为标准溶液使用时必须进行标定。用溴酸钾-溴化钾标准溶液标定IDS的反应，需要在酸性条件下进行，加入硫酸溶液后反应开始，加入碘化钾后反应即终止。为了避免副反应使反应定量进行，必须严格控制培养箱（或水浴）温度（16℃±1℃）和反应时间（35min±1.0min）。一定要等到溶液温度与培养箱（或水浴）温度达到平衡时再加入硫酸溶液（1+6），加入硫酸溶液后应立即盖塞，并开始计时。滴定过程中应避免阳光照射。

3. IDS吸收液的体积

本方法为褪色反应，吸收液的体积直接影响测量的准确度，所以装入采样管中吸收液的体积必须准确，最好用移液管加入。采样后向容量瓶中转移吸收液应尽量完全（少量多次冲洗）。装有吸收液的采样管，在运输、保存和取放过程中应防止倾斜或倒置，避免吸收液损失。

九、实验报告

（1）包含实验目的和意义、原始实验数据记录表、实验数据的处理、实验结果的分析与讨论、实验结论。

（2）实验报告要工整。

十、思考题

（1）臭氧是否参与光化学反应？

（2）测定大气中臭氧含量的方法还有哪些？

实验30　空气中一氧化碳的测定——非分散红外法

一、实验目的

（1）了解非分散红外分析仪的基本结构及操作方法。

（2）掌握非分散红外法测定一氧化碳的原理和步骤。

二、方法要点

本方法适用于测定空气质量中的一氧化碳。测定范围为 0～62.5mg/m^3，最低检出浓度为 0.3mg/m^3。

样品气体进入仪器，在前吸收室吸收 4.67μm 谱线中心的红外辐射能量，在后吸收室吸收其他辐射能量。两室因吸收能量不同，破坏了原吸收室内气体受热产生相同振幅的压力脉冲，变化后的压力脉冲通过毛细管加在差动式薄膜微音器上，被转化为电容量的变化，通过放大器再转变为与浓度成比例的直流测量值。

三、仪器和试剂

1. 仪器

（1）一氧化碳红外分析仪：量程 0～62.5mg/m^3。

（2）记录仪：0～10mV。

（3）流量计：0～1L/min。

（4）采气袋、止水夹、双联球。

2. 试剂

（1）氮气：要求其中一氧化碳浓度已知，或是制备霍加拉特加热管除去其中一氧化碳。

（2）一氧化碳标定气：浓度应选在仪器量程的 60%～80%的范围内。

四、样品采集

（1）使用仪器现场连续监测将样品气体直接通入仪器进气口。

（2）现场采样实验室分析时，用双联球将样品气体挤入采气袋中，放空后再挤入，如此清洗 3～4 次，最后挤满并用止水夹夹紧进气口。记录采样地点、采样日期和时间、采气袋编号。

五、实验步骤

1. 仪器调零

开机接通电源预热 30min，启动仪器内装泵抽入氮气，用流量计控制流量为 0.5L/min。调节仪器调零电位器，使记录器指针指在所用氮气的一氧化碳浓度的相应位置。

使用霍加拉特管调零时，将记录器指针调在零位。

2. 仪器标定

在仪器进气口通入流量为 0.5L/min 的一氧化碳标定气，调节仪器灵敏度电位器，使记录器指针调在一氧化碳浓度的相应位置。

3. 样品分析

接上样品气体到仪器进气口，待仪器读数稳定后直接读取指示格数。

六、实验结果

按下式计算一氧化碳质量浓度：

$$\rho=1.25n \tag{3-51}$$

式中　ρ——样品气体中一氧化碳质量浓度，mg/m^3；

n——仪器指示的一氧化碳格数；

1.25——一氧化碳质量浓度换算成标准状态下（mg/m^3）的换算系数。

七、精密度和准确度

4 个实验室对两种不同浓度的一氧化碳 6 次测定的重复性变异系数小于测量量程的 1%。

八、实验报告

（1）包含实验目的和意义、原始实验数据记录表、实验数据的处理、实验结果的分析与讨论、实验结论。

（2）实验报告要工整。

九、思考题

（1）非分散红外法还能测定哪些气态污染物？

（2）测定大气中一氧化碳含量的方法还有哪些？

实验 31　空气中甲醛的测定——乙酰丙酮分光光度法

一、实验目的

（1）了解甲醛测定的环境意义。

（2）掌握乙酰丙酮分光光度法测定甲醛的原理和步骤。

二、方法要点

本方法适用于树脂制造、涂料、人造纤维、塑料、橡胶、染料、制药、油漆、制革等行业的排放废气，以及医药消毒、防腐、熏蒸时产生的甲醛蒸气和环境空气中甲醛的测定。

在采样体积为 0.5～10.0L 时，测定范围为 0.5～800mg/m^3。当 10mL 气体中甲醛质量为 20μg 时，共存 8mg 苯酚（400 倍）、10mg 乙醛（500 倍）、600mg 铵离子（30000 倍）无干扰影响；共存 SO_2 小于 20μg，NO_x 小于 50μg 时，甲醛回收率不低于 95%。

甲醛气体经水吸收后，在 pH=6 的乙酸-乙酸铵缓冲溶液中，与乙酰丙酮作用，在沸水浴条件下，迅速生成稳定的黄色化合物，在波长 413nm 处测定。

三、仪器和试剂

1. 仪器

(1) 采样器：流量范围为0.2～1.0L/min的空气采样器（备有流量测量装置）。

(2) 皂膜流量计。

(3) 多孔玻板吸收管：50mL或125mL。采样流量0.5L/min时，阻力为6.7kPa±0.7kPa，单管吸收效率大于99%。

(4) 具塞比色管：25mL，具10mL、25mL刻度，经校正。

(5) 分光光度计：附1cm吸收池。

(6) 标准皮托管：具校正系数。

(7) 倾斜式微压计。

(8) 采样引气管：聚四氟乙烯管，内径6～7mm，引气管前端带有玻璃纤维滤料。

(9) 空盒气压表。

(10) 水银温度计：0～100℃。

(11) pH酸度计。

(12) 水浴锅。

2. 试剂

除非另有说明，分析时均使用符合国家标准的分析纯试剂和按以下（1）制备的水。

(1) 不含有机物的蒸馏水。加少量高锰酸钾的碱性溶液于水中再行蒸馏即得（在整个蒸馏过程中水应始终保持红色，否则应随时补加高锰酸钾）。

(2) 吸收液：不含有机物的重蒸馏水。

(3) 乙酸铵（NH_4CH_3COO）。

(4) 冰乙酸（CH_3COOH）：$\rho=1.055g/mL$。

(5) 乙酰丙酮（$C_5H_8O_2$）：$\rho=0.975g/mL$。

(6) 乙酰丙酮溶液：0.25%（体积分数）。称25g乙酸铵，加少量水溶解，加3mL冰乙酸（$\rho=1.055g/mL$）及0.25mL新蒸馏的乙酰丙酮（$\rho=0.975g/mL$），混匀再加水至100mL，调整pH=6.0，此溶液于2～5℃贮存，可稳定一个月。

(7) 盐酸（HCl）溶液（1+5）：$\rho=1.19g/mL$。

(8) 氢氧化钠（NaOH）溶液：0.3g/mL。

(9) 碘（I_2）溶液：$c(I_2)=0.1mol/L$。称40g碘化钾溶于10mL水，加入12.7g碘，溶解后移入1000mL容量瓶，用水稀释定容。

(10) 碘化钾（KI）溶液：0.1g/mL。

(11) 碘酸钾（KIO_3）标准溶液：$c(1/6KIO_3)=0.100mol/L$。称3.567g经110℃干燥2h的碘酸钾（优级纯）溶于水，于1000mL容量瓶稀释定容。

(12) 淀粉溶液：0.01g/mL。称1g淀粉，用少量水调成糊状，倒入100mL沸水中，呈透明溶液，临用时配制。

(13) 硫代硫酸钠溶液：$c(Na_2S_2O_3)=0.1mol/L$。称取25g硫代硫酸钠（$Na_2S_2O_3\cdot5H_2O$）和2g碳酸钠（Na_2CO_3）溶解于1000mL新煮沸但已冷却的水中，贮于棕色试剂瓶

中，放一周后过滤，并标定其浓度。

标定方法：吸取 0.1000mol/L 碘酸钾标准溶液 25.0mL 置于 250mL 碘量瓶中，加 40mL 新煮沸但已冷却的水，加 0.1g/mL 碘化钾溶液 10mL，再加（1＋5）盐酸溶液 10mL，立即盖好瓶塞，混匀，在暗处静置 5min 后，用硫代硫酸钠溶液滴定至淡黄色，加 1mL 淀粉溶液继续滴定至蓝色刚刚褪去。

硫代硫酸钠溶液物质的量浓度 $c_{Na_2S_2O_3}$（mol/L）按下式计算。

$$c_{Na_2S_2O_3}=\frac{0.1\times25.0}{V_{Na_2S_2O_3}} \tag{3-52}$$

式中　$V_{Na_2S_2O_3}$——滴定消耗硫代硫酸钠溶液体积的平均值，mL。

（14）甲醛（HCHO）溶液，含甲醛 36%～38%。

① 甲醛标准储备液：取 10mL 甲醛溶液置于 500mL 容量瓶中，用水稀释定容。

② 甲醛标准储备液的标定：吸取 5.0mL 甲醛标准储备液置于 250mL 碘量瓶中，加 0.1mol/L 碘溶液 30.0mL，立即逐滴地加入 0.3g/mL 氢氧化钠溶液至颜色褪到淡黄色为止（大约 0.7mL）。静置 10min，加（1＋5）盐酸溶液 5mL（空白滴定时需多加 2mL）酸化，在暗处静置 10min，加入 100mL 新煮沸但已冷却的水，用标定好的硫代硫酸钠溶液滴定至淡黄色，加入新配制的 0.01g/mL 淀粉指示剂 1mL，继续滴定至蓝色刚刚消失为终点。同时进行空白测定。按下式计算甲醛标准储备液质量浓度。

$$\rho=\frac{(V_1-V_2)c_{Na_2S_2O_3}\times15.0}{5.0} \tag{3-53}$$

式中　ρ——甲醛标准储备液质量浓度，mg/L；

V_1——空白消耗硫代硫酸钠溶液体积的平均值，mL；

V_2——标定甲醛消耗硫代硫酸钠溶液体积的平均值，mL；

$c_{Na_2S_2O_3}$——硫代硫酸钠溶液物质的量浓度，mol/L；

15.0——甲醛（1/2HCHO）摩尔质量，g/mol；

5.0——甲醛标准储备液取样体积，mL。

③ 甲醛标准使用溶液。用不含有机物的蒸馏水将甲醛标准储备液稀释成 5.00μg/mL 的甲醛标准使用液，2～5℃贮存，可稳定一周。

四、样品采集与保存

1. 样品采集

采样系统由采样引气管、采样吸收管和空气采样器串联组成。吸收管体积为 50mL 或 125mL，吸收液装液量分别为 20mL 或 50mL，以 0.5～1.0L/min 的流量，采气 5～20min。

2. 样品保存

采集好的样品于 2～5℃贮存，2 天内分析完毕，以防止甲醛被氧化。

3. 采样体积的校准

1）流量校准

在采样时用皂膜流量计对空气采样器进行流量校准。

采样体积 V_m（L）按下式计算。

$$V_m = Q_r' n \tag{3-54}$$

式中　Q_r'——经校准后的流量，L/min；

n——采样时间，min。

2）压力测量

连接标准皮托管和倾斜式微压计进行压力测量，空气采样用空盒气压表进行气压读数，废气或空气压力以 P_m（kPa）表示。

3）温度测量

用水银温度计测量管道废气或空气温度，以 t_m（℃）表示。

4）体积校准

采气标准状态体积 V_{nd}（L）按下式计算。

$$V_{nd} = V_m \times 2.694 \times \frac{101.325 + P_m}{273 + t_m} \tag{3-55}$$

式中　V_m——废气或空气采样体积，L；

P_m——废气或空气压力，kPa；

t_m——废气或空气温度，℃；

V_{nd}——废气或空气采样体积（0℃，101.325kPa），L。

五、实验步骤

1. 校准曲线的绘制

取 7 支 25mL 具塞比色管按表 3-26 配制标准色列。

表 3-26　配制标准色列

管号	0	1	2	3	4	5	6
甲醛标准使用溶液(5.00μg/mL)体积/mL	0	0.2	0.8	2.0	4.0	6.0	7.0
甲醛质量/μg	0	1.0	4.0	10.0	20.0	30.0	35.0

于上述标准系列中，用水稀释定容至 10.0mL 刻线，加 0.25%乙酰丙酮溶液 2.0mL，混匀，置于沸水浴加热 3min，取出冷却至室温，用 1cm 吸收池，以水为参比，于波长 413nm 处测定吸光度。

将上述系列标准溶液测得的吸光度 A 值扣除试剂空白（零浓度）的吸光度 A_0 值，便得到校准吸光度 y 值，以 y 为纵坐标，以 x 为横坐标，绘制校准曲线或用最小二乘法计算其回归方程式。注意零浓度不参与计算。

$$y = bx + a \tag{3-56}$$

式中　y——校准吸光度；

x——甲醛质量，μg；

a——校准曲线截距；

b——校准曲线斜率。

由斜率倒数求得校准因子：$B_s=1/b$。

2. 样品测定

将吸收后的样品溶液移入50mL或100mL容量瓶中，用水稀释定容，取少于10mL试样（吸取量视试样浓度而定），于25mL比色管中，用水定容至10.0mL刻线，按以上校准曲线的绘制方法进行分光光度测定。

3. 空白实验

用现场未采样空白吸收管的吸收液按校准曲线的绘制方法进行空白测定。

六、实验结果

试样中甲醛的吸光度 y 用下式计算。

$$y=A_s-A_b \tag{3-57}$$

式中 A_s——样品测定吸光度；

A_b——空白实验吸光度。

试样中甲醛质量 x（μg）用下式计算。

$$x=\frac{y-a}{b}\times\frac{V_1}{V_2} \quad 或 \quad x=(y-a)B_s\times\frac{V_1}{V_2} \tag{3-58}$$

式中 V_1——定容体积，mL；

V_2——测定取样体积，mL。

废气或环境空气中甲醛质量浓度 c（mg/m^3）用下式计算。

$$c=\frac{x}{V_{nd}} \tag{3-59}$$

式中 V_{nd}——所采气样标准状态（0℃，101.325kPa）下的体积，L。

七、精密度和准确度

经6个实验室分析含甲醛2.96mg/L和3.55mg/L的两个统一样品，重复性标准偏差分别为0.035mg/L和0.028mg/L，重复性相对标准偏差分别为1.2%和0.79%，再现性标准偏差分别为0.068mg/L和0.13mg/L，再现性相对标准偏差分别为2.3%和3.6%，加标回收率为100.3%～100.8%。在四个实样分析中加标回收率为95.3%～104.2%。

八、实验报告

（1）包含实验目的和意义、原始实验数据记录表、实验数据的处理、实验结果的分析与讨论、实验结论。

（2）实验报告要工整。

九、思考题

（1）环境空气和水中甲醛主要来源及危害有哪些？

（2）测定甲醛含量的方法还有哪些？

实验 32 土壤中总汞的测定——原子荧光法

一、实验目的

（1）了解原子荧光光谱法原理。

（2）掌握土壤样品的消化及分析方法。

二、方法要点

采用硝酸-盐酸混合试剂在沸水浴中加热消解土壤试样，再用硼氢化钾（KBH_4）或硼氢化钠（$NaBH_4$）将样品中所含汞还原成原子态汞，由载气（氩气）导入原子化器中，在特制汞空心阴极灯照射下，基态汞原子被激发至高能态，在去活化回到基态时，发射出特征波长的荧光，其荧光强度与汞的含量成正比。与标准系列比较，求得样品中汞的含量。本方法检出限为 0.002mg/kg。

三、仪器、设备和试剂

1. 仪器、设备

（1）氢化物发生原子荧光光度计。

（2）汞空心阴极灯。

（3）水浴锅。

2. 试剂

本方法所使用的试剂除另有说明外，均为分析纯试剂，实验用水为去离子水。

（1）盐酸（HCl）：ρ=1.19g/mL，优级纯。

（2）硝酸（HNO_3）：ρ=1.42g/mL，优级纯。

（3）硫酸（H_2SO_4）：ρ=1.84g/mL，优级纯。

（4）氢氧化钾（KOH）：优级纯。

（5）硼氢化钾（KBH_4）：优级纯。

（6）重铬酸钾（$K_2Cr_2O_7$）：优级纯。

（7）氯化汞（$HgCl_2$）：优级纯。

（8）硝酸-盐酸混合试剂［(1+1) 王水］：取 1 份硝酸与 3 份盐酸混合，然后用去离子水稀释 1 倍。

（9）还原剂［0.01%硼氢化钾（KBH_4）+0.2%氢氧化钾（KOH）溶液］：称取 0.2g 氢氧化钾放入烧杯中，用少量水溶解，称取 0.01g 硼氢化钾放入氢氧化钾溶液中，用水稀释至 100mL，此溶液现用现配。

（10）载液［(1+19) 硝酸溶液］：量取 25mL 硝酸，缓缓倒入放有少量去离子水的 500mL 容量瓶中，用去离子水定容至刻度，摇匀。

（11）保存液：称取 0.5g 重铬酸钾，用少量水溶解，加入 50mL 硝酸，用水稀释至 1000mL，摇匀。

（12）稀释液：称取 0.2g 重铬酸钾，用少量水溶解，加入 28mL 硫酸，用水稀释至 1000mL，摇匀。

（13）汞标准贮备液：称取经干燥处理的 0.1354g 氯化汞，用保存液溶解后，转移至 1000mL 容量瓶中，再用保存液稀释至刻度，摇匀。此标准溶液汞的质量浓度为 100μg/mL（有条件的单位可以到国家认可的部门直接购买标准贮备溶液）。

（14）汞标准中间溶液：吸取 10.00mL 汞标准贮备液注入 1000mL 容量瓶中，用保存液稀释至刻度，摇匀。此标准溶液汞的质量浓度为 1.00μg/mL。

（15）汞标准工作溶液：吸取 2.00mL 汞标准中间溶液注入 100mL 容量瓶中，用保存液稀释至刻度，摇匀。此标准溶液汞的质量浓度为 20.0 ng/mL（现用现配）。

四、实验步骤

1. 试样制备

称取经风干、研磨并过 0.149mm 孔径筛的土壤样品 0.2～1.0g（精确至 0.0002g）于 50mL 具塞比色管中，加少许水润湿样品，加入 10mL（1＋1）王水，加塞后摇匀，于沸水浴中消解 2h，取出冷却，立即加入 10mL 保存液，用稀释液稀释至刻度，摇匀后放置，取上清液待测。同时做空白实验。

2. 空白实验

采用与试样制备相同的试剂和步骤，制备全程序空白溶液。每批样品至少制备 2 个空白溶液。

3. 校准曲线的绘制

分别准确吸取 0.00、0.50、1.00、2.00、3.00、5.00、10.00mL 汞标准工作液置于 7 个 50mL 容量瓶中，加入 10mL 保存液，用稀释液稀释至刻度，摇匀，即得含汞量分别为 0.00、0.20、0.40、0.80、1.20、2.00、4.00 ng/mL 的标准系列溶液，以减去标准空白后的荧光强度对汞质量浓度绘制校准曲线，此标准系列适用于一般样品的测定。

4. 仪器参考条件

不同型号仪器的最佳参数不同，可根据仪器使用说明书自行选择。表 3-27 列出了本方法通常采用的参数。

表 3-27　仪器参数

负高压/V	280	加热温度/℃	200
A 道灯电流/mA	35	载气流量/(mL/ min)	300
B 道灯电流/mA	0	屏蔽气流量/(mL/ min)	900
观测高度/mm	8	测量方法	校准曲线
读数方式	峰面积	读数时间/s	10
延迟时间/s	1	测量重复次数	2

5. 测定

将仪器调至最佳工作条件，在还原剂和载液的带动下，测定标准系列各点的荧光强度（校准曲线是减去标准空白后的荧光强度对汞质量浓度绘制的校准曲线），然后测定样品空白、试样的荧光强度。

五、实验结果

土壤样品总汞含量 w 以质量分数计，数值以 mg/kg 表示，按下式计算：

$$w=\frac{(\rho-\rho_0)V}{m(1-f)\times1000} \tag{3-60}$$

式中 ρ——从校准曲线上查得汞的质量浓度，ng/mL；

ρ_0——试剂空白液测定的质量浓度，ng/mL；

V——样品消解后定容体积，mL；

m——试样质量，g；

f——土壤含水量；

1000——将 ng 换算为 μg 的系数。

重复试验结果以算术平均值表示，保留三位有效数字。

六、精密度和准确度

按照本方法测定土壤中总汞，其相对误差的绝对值不得超过 5%。在重复条件下，获得的两次独立测定结果的相对偏差不得超过 12%。

七、注意事项

（1）操作中要注意检查全程序的试剂空白，发现试剂或器皿玷污，应重新处理，严格筛选，并妥善保管，防止交叉污染。

（2）硝酸-盐酸消解体系不仅由于氧化能力强使样品中大量有机物得以分解，同时也能提取各种无机形态的汞。盐酸存在条件下，大量 Cl^- 与 Hg^{2+} 作用形成稳定的 $[HgCl_4]^{2-}$ 络离子，可抑制汞的吸附和挥发。但应避免使用沸腾的王水处理样品，以防止汞以氯化物的形式挥发而损失。样品中含有较多的有机物时，可适当增大硝酸-盐酸混合试剂的浓度和用量。

（3）由于环境因素的影响及仪器稳定性的限制，每批样品测定时须同时绘制校准曲线。若样品中汞含量太高，不能直接测量，应适当减少称样量，使试样含汞量保持在校准曲线的直线范围内。

（4）样品消解完毕，通常要加保存液并以稀释液定容，以防止汞的损失。样品试液宜尽早测定，一般情况下只允许保存 2～3d。

八、实验报告

（1）包含实验目的和意义、原始实验数据记录表、实验数据的处理、实验结果的分析与讨论、实验结论。

（2）实验报告要工整。

九、思考题

原子荧光光谱仪的响应值用什么表示？

实验 33　土壤中六六六和滴滴涕的测定——气相色谱法

一、实验目的

（1）了解从土壤中提取六六六和滴滴涕的方法。

（2）掌握气相色谱仪的结构及操作方法。

二、方法要点

土壤样品中的六六六和滴滴涕农药残留量分析采用有机溶剂提取，经液液分配及浓硫酸净化或柱层析净化除去干扰物质，用电子捕获检测器（ECD）检测，根据色谱峰的保留时间定性，外标法定量。

三、仪器和试剂

1. 仪器

（1）脂肪提取器（索式提取器）。

（2）旋转蒸发器。

（3）振荡器。

（4）水浴锅。

（5）离心机。

（6）玻璃器皿：样品瓶（玻璃磨口瓶），300mL 分液漏斗，300mL 具塞锥形瓶，100mL 量筒，250mL 平底烧瓶，25mL、50mL、100mL 容量瓶。

（7）微量注射器。

（8）气相色谱仪：带电子捕获检测器（^{63}Ni 放射源）。

2. 试剂

所使用的试剂除另有规定外均为分析纯，水为蒸馏水。

（1）载气：氮气（N_2）纯度≥99.99%。

（2）农药标准品：α-BHC、β-BHC、γ-BHC、δ-BHC、p. p′-DDE、o. p′-DDT、p. p′-DDD、p. p′-DDT，纯度为 98.0%～99.0%。

① 农药标准溶液制备：准确称取以上每种农药标准品各 100mg（准确到±0.0001g），溶于异辛烷或正己烷（β-BHC 先用少量苯溶解），在 100mL 容量瓶中定容至刻度，在冰箱中贮存。

② 农药标准中间溶液配制：用移液管分别量取八种农药标准溶液，移至 100mL 容量瓶中，用异辛烷或正己烷稀释至刻度，八种农药标准溶液的体积比为：$V_{\alpha\text{-BHC}}:V_{\beta\text{-BHC}}:V_{\gamma\text{-BHC}}:V_{\delta\text{-BHC}}:V_{p.p'\text{-DDE}}:V_{o.p'\text{-DDT}}:V_{p.p'\text{-DDD}}:V_{p.p'\text{-DDT}}=1:1:3.5:1:3.5:5:3:8$（适用于填充柱）。

③ 农药标准工作溶液配制：根据检测器的灵敏度及线性要求，用石油醚或正己烷稀释

标准中间溶液，配制成几种浓度的标准工作溶液，在 4℃下保存。

（3）异辛烷（C_8H_{18}）。

（4）正己烷（C_6H_{14}）：沸程 67～69℃，重蒸。

（5）石油醚：沸程 60～90℃，重蒸。

（6）丙酮（CH_3COCH_3）：重蒸。

（7）苯（C_6H_6）：优级纯。

（8）浓硫酸（H_2SO_4）：优级纯。

（9）无水硫酸钠（Na_2SO_4）：在 300℃烘箱中烘烤 4h，放入干燥器备用。

（10）硫酸钠溶液：20g/L。

（11）硅藻土：试剂级。

四、样品采集与保存

1. 样品性状

（1）样品种类：土壤。

（2）样品状态：固体。

（3）样品的稳定性：在土壤样品中的六六六、滴滴涕化学性质稳定。

2. 样品的采集与贮存方法

（1）样品的采集：按照 NY/T 395—2012 中有关规定采集土壤，采集后风干去杂物，研碎过 60 目筛，充分混匀，取 500g 装入样品瓶中备用。

（2）样品的保存：土壤样品采集后应尽快分析，如暂不分析可保存在－18℃冷冻箱中。

五、实验步骤

1. 提取

准确称取 20.0g 土壤置于小烧杯中，加蒸馏水 2mL，硅藻土 4g，充分混匀，无损地移入滤纸筒内，上部盖一片滤纸，将滤纸筒装入索式提取器中，加 100mL 石油醚-丙酮（1∶1），用 30mL 浸泡土样 12h 后在 75～95℃恒温水浴锅上加热提取 4h，每次回流 4～6 次，待冷却后，将提取液移入 300mL 的分液漏斗中，用 10mL 石油醚分三次冲洗提取器及烧瓶，将洗液并入分液漏斗中，加入 100mL 硫酸钠溶液，振荡 1min，静置分层后，弃去下层丙酮水溶液，留下石油醚提取液待净化。

2. 净化

（1）浓硫酸净化法（A 法）：适用于土壤、生物样品。在分液漏斗中加入石油醚提取液体积的十分之一的浓硫酸，振摇 1min，静置分层后，弃去硫酸层（注意：用浓硫酸净化过程中，要防止发热爆炸，加浓硫酸后，开始要慢慢振摇，不断放气，然后再较快振摇），按上述步骤重复数次，直至加入的石油醚提取液二相界面清晰均呈透明时止。然后向弃去硫酸层的石油醚提取液中加入其体积量一半左右的硫酸钠溶液。振摇十余次。待其静置分层后弃去水层。如此重复至提取液呈中性时止（一般 2～4 次），石油醚提取液再经装有少量无水硫酸钠的筒型漏斗脱水，滤入 250mL 平底烧瓶中，用旋转蒸发器浓缩至 5mL，定容至 10mL，供气相色谱测定。

（2）固相萃取（SPE）净化法（B 法）：将 2mL 溶解液倾入已预淋洗后的活性炭固相萃

取柱中，用 30mL 正己烷乙酸乙酯（3+2）进行洗脱。收集全部洗脱液于 50mL 浓缩瓶中，于 40℃水浴中旋转浓缩至干。用乙酸乙酯溶解并定容至 2.0mL，供气相色谱测定。

3. 气相色谱测定

1）测定条件 A

（1）柱。

① 玻璃柱：2.0m×2mm（内直径），填装涂有 1.5% OV-17+1.95% QF-1 的 Chromosorb WAW-DMCS 80～100 目的担体。

② 玻璃柱：2.0m×2mm（内直径），填装涂有 1.5% OV-17+1.95% OV-210 的 Chromosorb WAW-DMCS-HP 80～100 目的担体。

（2）温度：柱箱 195～200℃，汽化室 220℃，检测器 280～300℃。

（3）气体流速：氮气（N_2）50～70mL/min。

（4）检测器：电子捕获检测器（ECD）。

2）测定条件 B

（1）柱：石英弹性毛细管柱 DB-17，30m×0.25mm（内直径）。

（2）温度：柱温采用程序升温方式，如下。

150℃ $\xrightarrow{\text{恒温 1min，8℃/min}}$ 280℃ $\xrightarrow{\text{恒温 280min}}$ 280℃，进样口 220℃，检定器（ECD）320℃。

（3）气体流速：氮气 1.0mL/min，尾吹 37.25mL/min。

3）气相色谱中使用农药标准样品的条件

标准样品的进样体积与试样的进样体积相同，标准样品的响应值接近试样的响应值。当一个标样连续注射进样两次，其峰高（或峰面积）相对偏差不大于 7%，即认为仪器处于稳定状态。在实际测定时标准样品和试样应交叉进样分析。

4）进样

（1）进样方式：注射器进样。

（2）进样量：1～4μL。

5）色谱图

（1）色谱图。图 3-10 采用填充柱，图 3-11 采用毛细管柱。

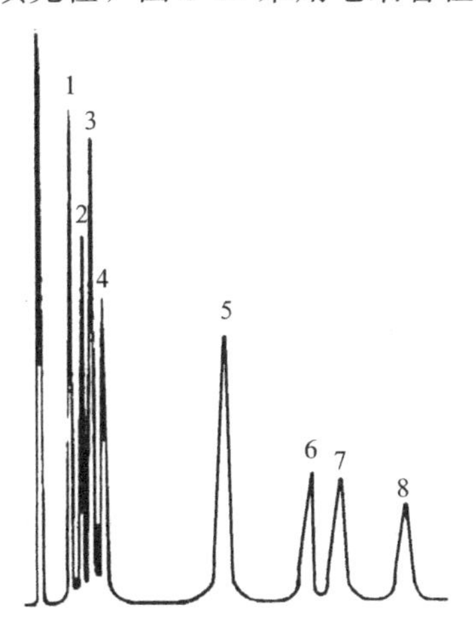

图 3-10　六六六、滴滴涕气相色谱图（填充柱）

1—α-BHC；2—γ-BHC；3—β-BHC；4—δ-BHC；5—*p*. *p*′-DDE；6—*o*. *p*′-DDT；7—*p*. *p*′-DDD；8—*p*. *p*′-DDT

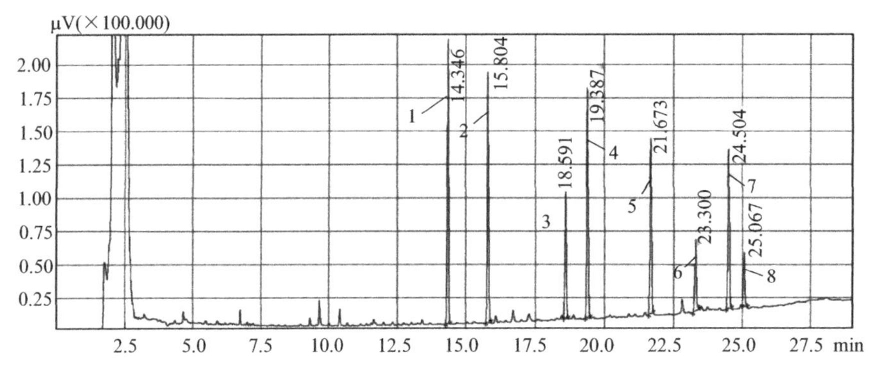

图 3-11 六六六、滴滴涕气相色谱图（毛细管柱）

1—α-BHC；2—γ-BHC；3—β-BHC；4—δ-BHC；5—p. p′-DDE；6—o. p′-DDT；7—p. p′-DDD；8—p. p′-DDT

（2）定性分析

① 组分的色谱峰顺序：α-BHC、γ-BHC、β-BHC、δ-BHC、p. p′-DDE、o. p′-DDT、p. p′-DDD、p. p′-DDT。

② 检验可能存在的干扰，采取双柱定性。用另一根色谱柱 1.5% OV-17+1.95% OV-210 的 Chromosorb WAW-DMCS-HP 80～100 目进行确证检验色谱分析，可确定六六六、滴滴涕及杂质干扰状况。

（3）定量分析

① 气相色谱分析。吸取 1μL 混合标准溶液注入气相色谱仪，记录色谱峰的保留时间和峰高（或峰面积）。再吸取 1μL 试样，注入气相色谱仪，记录色谱峰的保留时间和峰高（或峰面积），根据色谱峰的保留时间和峰高（或峰面积）采用外标法定性和定量。

② 计算。

$$X=\frac{c_{is}V_{is}H_i(S_i)V}{V_iH_{is}(S_{is})m} \tag{3-61}$$

式中 X——样本中农药残留质量分数，mg/kg；

c_{is}——标准溶液中 i 组分农药质量浓度，μg/mL；

V_{is}——标准溶液进样体积，μL；

V——样本溶液最终定容体积，mL；

V_i——样本溶液进样体积，μL；

$H_{is}(S_{is})$——标准溶液中 i 组分农药的峰高或峰面积，mm 或 mm^2；

$H_i(S_i)$——样本溶液中 i 组分农药的峰高或峰面积，mm 或 mm^2；

m——称样质量，g。

六、实验结果

根据标准样品的色谱图中各组分的保留时间来确定被测试样中出现的六六六和滴滴涕各组分含量和组分名称。

1. 含量表示的方法

根据公式（3-61）计算出各组分的质量分数，以 mg/kg 表示。

2. 精密度

变异系数（%）：2.08%～8.19%。

3. 准确度

加标回收率（%）：90.0%～99.2%。

4. 检测限

最小检测浓度：$0.49\times10^{-4}\sim4.87\times10^{-3}$ mg/kg。

七、实验报告

（1）包含实验目的和意义、原始实验数据记录表、实验数据的处理、实验结果的分析与讨论、实验结论。

（2）实验报告要工整。

八、思考题

气相色谱法的定量和定性方法分别是什么？

第4章 设计性实验

实验34 校园环境空气质量监测

一、实验目的

（1）在现场调查的基础上，根据布点采样原则，选择适宜的布点方法（功能区布点法或网格布点法），确定采样频率及采样时间，掌握测定空气中 SO_2、NO_x 和 TSP 瞬时和日平均浓度的采样和监测方法。

（2）对校园的环境空气进行定期监测，根据三项污染物监测结果，计算空气污染指数（AQI），描述和评价校园空气质量状况，为研究校园空气环境质量变化及制订校园环境保护规划提供基础数据。

（3）根据污染物或其他影响环境质量因素的分布，追踪污染路线，寻找污染源，为校园环境污染的治理提供依据。

（4）通过实验进一步巩固理论知识，深入了解大气环境中各污染物的具体采样方法、分析方法、误差分析及数据处理方法等。

（5）培养团结协作精神及综合分析与处理问题的能力。

二、组织和分工

成立监测小组，进行任务分工，在现场调查的基础上制订监测计划预案及可能发生情况的应变预案，准备领取或采购仪器、试剂，准备交通工具，配制试剂和调试仪器等，以上各项工作均须形成文件（纸质或电子版）。

三、基础资料的搜集及污染物调查情况

1. 基础资料的收集

1）气象资料收集

主要收集校园所在地近年的气象数据，包括风向、风速、气温、气压、降水量、相对湿度等，具体调查内容可参考表 4-1。

表 4-1　气象资料调查

项目	调查内容
风向	主导风向、次主导风向及频率等
风速	年平均风速、最大风速、最小风速、年静风频率等
气温	年平均气温、最高气温、最低气温等
相对湿度	年平均相对湿度
降水量	平均年降水量、每日最大降水量等
……	……

2）地区及功能划分

把校园按照宿舍区、操场、教学区、办公区等划分功能区，如果有典型污染源，可以围绕污染源进行划分。

2. 校园空气环境影响因素识别

对校园内各种大气污染源、大气污染物排放状况及自然与社会环境特征进行调查，并对大气污染物排放作初步估算。

1）校园空气污染源调查

主要调查校园大气污染物的排放源及排放方式等，可按表 4-2 的方式进行调查。

表 4-2　校园空气污染源情况调查

序号	污染源名称	污染物排放的时间	备注
1	食堂	5:00—22:00	
2	学校附近的居民区	全天都有，集中上下班高峰	
3	学校内路段来往车辆	全天	
4	建筑工地	18:00—24:00	
5	学校大门口外小吃街	全天	
6	……	……	

2）校园周边大气污染源调查

校园周边大气污染源主要调查汽车尾气排放情况，调查情况如表 4-3 所示。

表 4-3 汽车尾气调查情况

路段名称		×××路	×××街	……
车流量/(辆·h^{-1})	大型车			
	中型车			
	小型车			

四、监测项目及测定方法选择

经过调查研究和相关资料的讨论及综合分析，根据国家环境空气质量标准和校园及其周边的大气污染物排放情况来筛选监测项目，高等学校一般无特征污染物排放，可选 TSP、SO_2、NO_x 作为大气环境监测项目。

测定空气中 SO_2、NO_x 和 TSP 的瞬时和日平均浓度的方法有多种，研究性监测可以进行选择，比较各种方法的特点、限制条件、仪器和试剂要求、测定的浓度范围、灵敏度、准确度等。

监测过程须全程记录，包括测定数据、参加人员及分工、环境条件等。

五、设计布点网络

1. 采样点布设及布点数目

根据学校的各污染源的分布情况，校园的地形、地貌、气象等条件及污染物的等标排放量，结合校园各环境功能区的要求，采用按功能区划分的布点法和网格布点法相结合的方式来布置采样点。各测点名称及相对校园中心点的方位和直线距离如表 4-4，各测点具体位置应在校园总平面布置图上注明。

表 4-4 测点名称及相对方位

测点编号	测点名称	测点方位	到校园中心点距离/m
1	××楼		100
2	××楼		200
3	××楼		500
……	……		……

2. 采样时间和频次

按照《空气和废气监测分析方法》《环境空气质量手工监测技术规范》和《环境空气质量标准》所规定的采样时间和频次执行。采样应同时记录气温、气压、风向、风速、阴晴等气象因素。

六、数据处理

1. 数据整理

监测结果的原始数据要根据有效数字的保留规则正确书写，监测数据的运算要遵循运算规则。在数据处理中，对出现的可疑数据，首先从技术上查明原因，然后再用统计检验处理，经验证属离群数据应予剔除，以使测定结果更符合实际。

2. 分析结果的表示

将监测结果按样品数、检出率、浓度范围进行统计和分析。

七、监测报告的编写

监测报告内容至少包括：任务来源、监测目的、现场调查、组织和人员分工、监测计划制订、准备工作、采样和样品保存、运输、实验室分析、数据处理、校园空气环境质量状况结论等。

八、总结

要求每个参加人员总结心得体会和建议。所有资料、文件装订成册并归档，作为教学资料供参考。

实验 35　校园水环境质量监测

一、实验目的

（1）通过对校园湖水水质进行监测，掌握校园湖水的水环境质量现状，并判断水环境质量是否符合国家有关环境标准的要求。

（2）通过水环境监测实验，进一步让学生巩固课本所学理论知识，深入了解水环境监测中各环境污染因子的采样与分析方法、误差分析、数据处理等方法与技能。

（3）培养学生的实践操作技能、团结协作的精神和综合分析问题的能力，使学生学会合理地选择和确定某监测任务中所需监测的项目，准确选择样品预处理方法及分析监测方法。

二、组织和分工

基础调查是一项工作量大、涉及面广的工作，需要组织 15 人左右，成立一个小组，讨论分工，形成一个完整的团队。

三、水环境监测项目和范围

1. 监测项目

水质监测项目可分为水质常规项目、特征污染物和水域敏感参数。水质常规项目可根据生活区等排放到河水中的污染物来选取。监测项目根据规定的水质要求和有毒物质确定。

2. 监测范围

地表水监测范围必须包括生活区排水对地表水环境影响比较明显的区域，应能全面反映与地表水有关的基本环境状况。

四、监测点布设、监测时间和采样方法

以校园内人工湖监测为例。

1. 监测点布设

监测断面和采样点的设置应根据监测目的和监测项目，并结合水域类型、水文、气象、环境等自然特征，综合诸多方面因素提出优化方案，在研究和论证的基础上确定。

2. 监测时间

监测目的和水体不同，监测的频率往往也不相同。对湖泊的水质/水文每次调查3～4d，至少应有1d对所有已选定的水质参数进行采样分析。

3. 采样方法

根据监测项目确定是混合采样还是单独采样。采样器须事先用洗涤剂、自来水、10%硝酸或盐酸和蒸馏水洗涤干净、沥干，采样前用被采集的水样洗涤2～3次。采样时应避免激烈搅动水体和漂浮物进入采样桶；采样桶桶口要迎着水流方向浸入水中，水充满后迅速提出水面，需加保存剂时应在现场加入。为特殊监测项目采样时，要注意特殊要求，如应用碘量法测定水中溶解氧，须防止曝气或残存气泡的干扰等。

五、样品的保存和运输

水样存放过程中，由于吸附、沉淀、氧化还原、微生物作用等，样品的成分可能发生变化，因此如不能及时运输和分析测定水样，须采取适当的方法保存。较为普遍采用的保存方法有：控制溶液的pH值、加入化学试剂、冷藏和冷冻。

采集的水样除一部分现场测定使用外，大部分要运送到实验室进行分析测试。在运输过程中，为继续保证水样的完整性、代表性，使之不受污染，不被损坏和丢失，必须遵守各项保证措施。根据水样采样记录表清点样品，塑料容器要塞紧内塞、旋紧外塞；玻璃瓶要塞紧磨口塞，然后用细绳将瓶塞与瓶颈拴紧；给需冷藏的样品配备专门的隔热容器，放冷却剂。

六、分析方法与数据处理

1. 分析方法

分析方法按相关标准规定进行选择，监测项目的分析方法及检出下限按表4-5进行编写。

表4-5 监测项目的分析方法及检出下限

序号	监测项目	分析方法	检出下限	标准号
1	pH值			
2	COD			
3	BOD_5			
……	……			

2. 数据处理

监测结果的原始数据要根据有效数字的保留规则正确书写，监测数据的运算要遵循运算

规则。在数据处理中，对出现的可疑数据，首先从技术上查明原因，然后再用统计检验处理，经验证后属离群数据应予剔除，以使测定结果更符合实际。

七、监测报告的编写

监测报告内容至少包括：任务来源、监测目的、现场调查、组织和人员分工、监测计划制订、准备工作、采样和样品保存、运输、实验室分析、数据处理、校园水环境质量状况结论等。

八、总结

要求每个参加人员总结心得体会和建议。所有资料、文件装订成册并归档，作为教学资料供参考。

实验 36　校园声环境质量现状监测与评价

一、实验目的

（1）通过本实验使学生学会环境质量标准的检索和应用，掌握噪声监测方案的制订方法，能够根据监测对象的具体情况布设和优化监测点位，选择监测时间和监测频率，制订监测方案。

（2）学生能够熟练使用声级计并用标准声源对其进行校准。

（3）学生能采用正确的方法对实验数据进行处理，根据监测报告的要求给出监测结果，根据监测数据和声环境质量标准评价声环境质量现状，独立编制监测报告（评价报告）。

（4）培养学生团队协作、实践操作技能和综合分析问题的能力。

二、实验仪器

声级计、标准声源、医用计数器。

三、实验内容

（1）制订详细、周全、可行的监测方案，画出校园平面布置图并标出监测点位。

（2）按照监测方案在各监测点位上监测昼、夜噪声瞬时值并记录。

（3）对监测数据进行处理，给出校园声环境质量现状值。

（4）查阅我国现行的《声环境质量标准》（GB 3096—2008），根据监测结果判断校园声环境质量是否达标，若不达标，分析原因。

（5）根据监测结果评价校园声环境质量现状。

四、实验步骤

1. 测量条件

（1）要求在无雨、无雪的天气条件下进行测量；声级计的传声器膜片应保持清洁；风力在三级以上时必须加防风罩（以避免风噪声干扰），五级以上大风应停止测量。

（2）手持仪器测量，传声器要求距离地面1.2m。

2. 测量步骤

（1）将校园划分为25m×25m的网格，监测点位选在每个网格的中心，若中心点的位置不宜测量，可移动到旁边能够测量的位置。

（2）每组二人配置一台声级计，按顺序到各网格监测点位测量，各监测点位分别测昼间和夜间的噪声值。

（3）读数方式用慢挡，每隔5s读一个瞬时A声级，连续读取200个数据。读数同时要判断和记录附近主要噪声源（如交通噪声、施工噪声、工厂或车间噪声等）和天气条件。

五、实验结果与数据处理

环境噪声是随时间而起伏的无规律噪声，因此测量结果一般用统计值或等效声级来表示，本实验用等效声级表示。

将各监测点位每次的测量数据（200个）顺序排列，找出L_{10}、L_{50}、L_{90}，求出等效声级L_{eq}，再将该监测点位全天的各次L_{eq}求算术平均值，作为该监测点位的环境噪声评价量。

根据声环境功能区划，确定校园属几类区，应执行几类标准。查阅我国《声环境质量标准》(GB 3096—2008)，找出标准值并将监测结果与标准值对照，判断校园声环境质量是否达标。

可以5dB为一等级，用不同颜色或阴影线绘制校园噪声污染图。

六、监测报告的编写

监测报告内容至少包括：任务来源、监测目的、现场调查、组织和人员分工、监测计划制订、准备工作、数据处理、校园声环境质量状况结论等。

七、思考题

（1）什么是等效声级，在噪声测量中有何作用？

（2）简述声级计的基本组成、结构和基本性能。

（3）简述声级计的使用步骤。

实验37　水中铜、锌、镉、铁、锰的测定

一、实验目的

（1）根据所学理论知识，选择适合测定铜、锌、镉、铁、锰的方法，并掌握相应测定原理和方法要点。

（2）掌握多元素混合标准溶液的配制。

（3）掌握测定水中不同状态金属元素含量时水样的预处理方法。

二、仪器和试剂

1. 仪器

以下仪器可供选择：

（1）原子吸收光谱仪及铜、锌、镉、铁、锰空心阴极灯。

（2）电感耦合等离子体光谱仪。

（3）分光光度计。

（4）电热板。

2. 试剂

除非另有说明，分析时所用试剂均为符合国家标准的分析纯化学试剂，实验用水均为蒸馏水或同等纯度的水。

可供选择的试剂包括但不限于以下试剂：

（1）铜、锌、镉、铁、锰标准储备溶液：$\rho=100\mu g/mL$。

（2）硝酸（$\rho=1.42g/mL$），分析纯。

（3）盐酸（$\rho=1.19g/mL$），分析纯。

三、实验步骤

1. 水样的预处理

根据水质特点和测定元素要求，查阅相关文献和标准，设计水样预处理方案，写在预习报告上。

2. 水样的测定

1）多元素混合标准系列溶液的配制

将各种金属标准储备溶液（100μg/mL）用每升纯水含 2mL 硝酸的溶液稀释，并配制成下列浓度范围的混合标准系列：铜 0.20～5.0μg/mL，铁 0.30～5.0μg/mL，锰 0.10～3.0μg/mL，锌 0.10～3.0μg/mL，镉 0.10～3.0μg/mL。写出以上各元素标准溶液的浓度梯度（至少 4 个浓度）和配制方法。

2）标准曲线的绘制

分别测量空白溶液和标准系列溶液的吸光度，减去标准系列溶液中零浓度溶液的吸光度，以金属元素的质量浓度为横坐标，吸光度为纵坐标绘制标准曲线。

3）样品的测定

分别测量空白样品溶液和样品溶液吸光度，并在标准曲线上查出各待测金属元素的质量浓度。

四、实验结果

可从标准曲线直接查出水样中待测金属的质量浓度（μg/mL），注意稀释倍数。

五、实验报告

实验报告内容至少包括：实验目的、实验原理、实验步骤、实验结果等，要求书写工整。

六、思考题

（1）举例说明测定水样中的铜、锌、镉、铁、锰含量都有哪些方法，各方法有哪些优缺点？

（2）原子吸收光谱法测定水中的铜、锌、镉、铁、锰含量，得到的是以上元素的总含量，还是某种离子的含量？

实验 38 土壤中多种重金属元素含量的测定

一、实验目的

（1）掌握土壤样品的预处理原理和方法。

（2）掌握标准曲线法或标准加入法测定元素含量的操作步骤。

二、仪器和试剂

1. 仪器

以下仪器可供选择：

（1）原子吸收光谱仪及铜、锌、镉、铁、锰空心阴极灯。

（2）电感耦合等离子体光谱仪。

（3）分光光度计。

（4）电热板，加热最高温度为 300℃。

2. 试剂

除非另有说明，分析时所用试剂均为符合国家标准的分析纯化学试剂，实验用水均为蒸馏水或同等纯度的水。

可供选择试剂包括但不限于以下试剂：

（1）多种金属元素标准贮备液：100μg/mL。

（2）硝酸（ρ=1.42g/mL），分析纯。

（3）盐酸（ρ=1.19g/mL），分析纯。

（4）高氯酸：分析纯。

三、实验步骤

1. 土壤样品的预处理

查阅资料，设计土壤样品预处理实验方案，写在预习报告上，对土壤样品进行预处理，制备土壤溶液。

2. 样品的测定

(1) 多元素混合标准系列溶液的配制。每组选择三种待测金属元素，将各种金属标准储备溶液（100μg/mL）用每升纯水含 2mL 硝酸的溶液稀释，并配制成浓度范围在 0.20～5.0μg/mL，4 个浓度梯度（不算空白溶液）的混合标准系列溶液，将以上各元素标准溶液的浓度梯度和配制方法写在预习报告上，并按照此方法配制混合标准溶液。

(2) 分别测量空白溶液和标准系列溶液的吸光度，减去标准系列溶液中零浓度溶液的吸光度，以金属元素的质量浓度为横坐标，吸光度为纵坐标绘制标准曲线。

(3) 分别测量空白样品溶液和样品溶液吸光度，并查出溶液中各待测金属元素的质量浓度。

四、实验结果

1. 标准曲线法测定金属元素含量

按绘制标准曲线条件测定试样溶液的吸光度，扣除全程序试剂空白吸光度，从标准曲线上查得金属元素含量，土壤中金属元素含量以金属元素的质量分数 w 计，数值以%表示，按下式计算：

$$w=\frac{(\rho_1-\rho_2)V_0V_2\times10^{-6}}{mV_1}\times100 \tag{4-1}$$

式中　ρ_1——自标准曲线上查得的测定溶液中金属元素的质量浓度，μg/mL；

ρ_2——自标准曲线上查得的空白溶液中金属元素的质量浓度，μg/mL；

V_0——试液总体积，mL；

V_1——分取溶液的体积，mL；

V_2——测定溶液的体积，mL；

m——试料的质量，g。

计算结果保留两位有效数字。

2. 标准加入法测定金属元素含量

各取土样溶液 5.00mL 分别于 4 个 10mL 比色管中，分别加入一定量的金属元素标准使用液（100μg/mL），用 2%的硝酸溶液定容，配制不同梯度的金属元素混合标准溶液。设土样溶液待测金属元素质量浓度为 ρ_x，加标后质量浓度分别为 ρ_x、$\rho_x+\rho_0$、$\rho_x+2\rho_0$、$\rho_x+3\rho_0$，测得的吸光度分别为 A_x、A_1、A_2、A_3，绘制 A-ρ 图。由图 4-1 可知，所得曲线不通过原点，其截距所反映的吸光度正是溶液中待测金属元素质量浓度的响应。外延曲线与横坐标相交，原点与交点的距离即为待测金属元素的质量浓度。

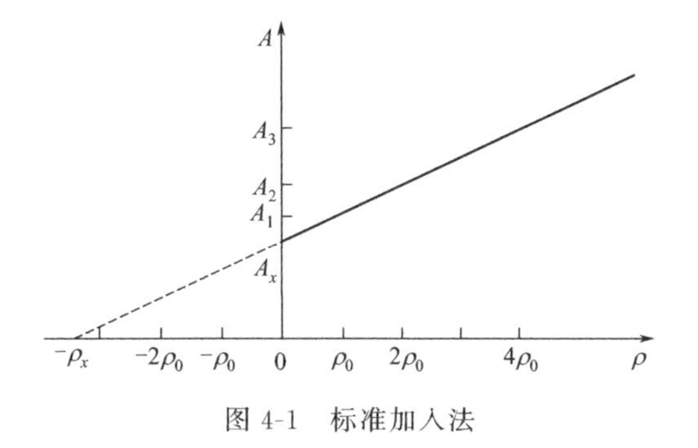

图 4-1　标准加入法

五、实验记录

将实验所得到的数据填入表 4-6。

表 4-6 实验数据记录表

样品名称	空白	1	2	3	4
溶液中待测金属元素的质量浓度 ρ_1/(μg/mL)					
试液总体积 V_0/mL					
分取溶液体积 V_1/mL					
测定溶液的体积 V_2/mL					
试料的质量 m/g					
待测金属元素的质量分数/%					
待测金属元素的质量分数平均值/%					

六、注意事项

(1) 土壤消解过程中，加入高氯酸后必须防止将溶液蒸干，不慎蒸干时 Fe、Al 盐可能会形成难溶的氧化物而包藏镉，使结果偏低。注意无水 $HClO_4$ 会爆炸！

(2) 高氯酸的纯度对空白值的影响很大，直接关系到测定结果的准确度，因此必须注意全程序空白值的扣除，并尽量减少高氯酸加入量以降低空白值。

七、实验报告

实验报告内容至少包括：实验目的、实验原理、实验步骤、实验结果等，要求书写工整。

八、思考题

(1) 土壤中的 SiO_2 可采用何种方法处理，其原理是什么？

(2) 何为全过程试剂空白实验？在什么情况下进行这种实验？

(3) 什么条件下采用标准加入法测定样品中元素的含量？

参考文献

[1] HJ 618—2011 环境空气 PM_{10} 和 $PM_{2.5}$ 的测定　重量法.

[2] HJ 1263—2022 环境空气　总悬浮颗粒物的测定　重量法.

[3] NY/T 52—1987 土壤水分测定法.

[4] HJ 962—2018 土壤　pH 值的测定　电位法.

[5] HJ 504—2009 环境空气　臭氧的测定　靛蓝二磺酸钠分光光度法.

[6] GB 9801—88 空气质量　一氧化碳的测定　非分散红外法.

[7] GB/T 15516—1995 空气质量　甲醛的测定　乙酰丙酮分光光度法.

[8] GB/T 22105. 1—2008 土壤质量　总汞、总砷、总铅的测定　原子荧光法　第 1 部分：土壤中总汞的测定.

[9] GB/T 14550—2003 土壤中六六六和滴滴涕测定的气相色谱法.

[10] 国家环境保护总局《水和废水监测分析方法》编委会. 水和废水监测分析方法[M]. 4 版. 北京：中国环境科学出版社，2002.

[11] 奚旦立. 环境监测[M]. 5 版. 北京：高等教育出版社，2019.

[12] 奚旦立. 环境监测实验[M]. 2 版. 北京：高等教育出版社，2019.

[13] 陈井影. 环境监测实验[M]. 北京：冶金工业出版社，2018.